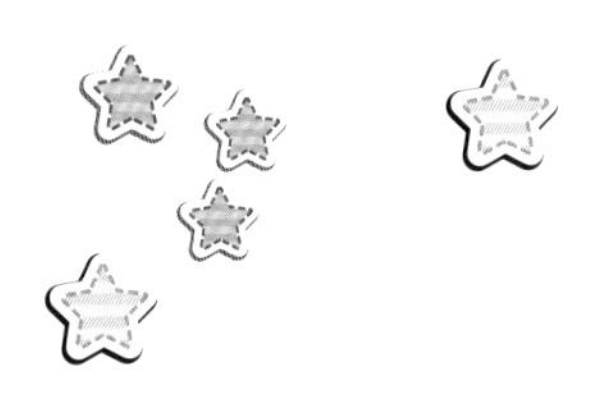

编写委员会

主　　编：杨　英

副 主 编：郭海燕　石　一

编　　委：毕玥乔　伊　涛

食品制作：金建华　杨胜霞　张爱民

　　　　　李保松　马德峰　王应刚

注册营养师张浩玉审定

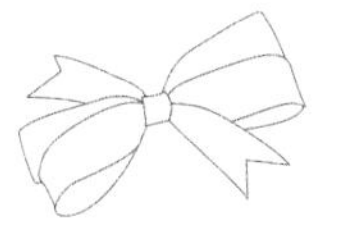

幼儿四季营养膳食精选

Youer Siji Yingyang Shanshi Jingxuan

杨 英◎主编

中国和平出版社
China Peace Publishing House

图书在版编目（CIP）数据

幼儿四季营养膳食精选 / 杨英主编 . -- 北京 : 中国和平出版社 , 2021.4
ISBN 978-7-5137-2011-3

Ⅰ . ①幼… Ⅱ . ①杨… Ⅲ . ①幼儿—保健—食谱
Ⅳ . ① TS972.162

中国版本图书馆 CIP 数据核字 (2021) 第 047401 号

幼儿四季营养膳食精选　　杨英◎主编

策　　划　梁艳萍
责任编辑　梁艳萍
封面设计　孙文君
责任印务　魏国荣
出版发行　中国和平出版社（北京市海淀区花园路甲 13 号院 7 号楼 10 层 100088）
　　　　　www.hpbook.com hpbook@hpbook.com
出 版 人　林　云
经　　销　全国各地书店
印　　刷　北京瑞禾彩色印刷有限公司
开　　本　889mm × 1194mm　1/16
印　　张　6.75
字　　数　84 千字
版　　次　2021 年 4 月第 1 版　2021 年 4 月第 1 次印刷
书　　号　ISBN 978-7-5137-2011-3
定　　价　50.00 元

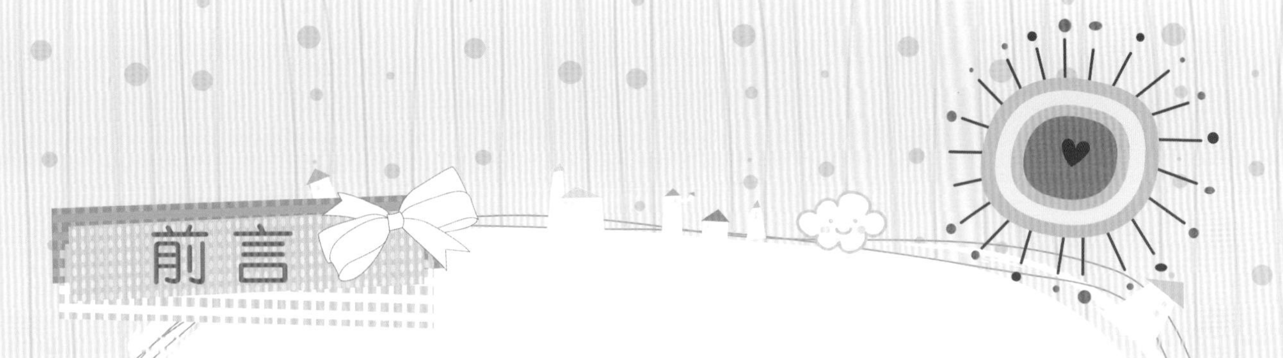

前言

3~6岁的幼儿正处于快速发育阶段，丰富的营养对他们的健康成长起着重要作用。为了保证幼儿的一日三餐科学、合理，保证他们的饮食健康，满足身体的各种营养需求，兵器工业机关服务中心幼儿园（以下简称兵器机关幼儿园）高度重视幼儿膳食营养的均衡摄入，积极根据各年龄段幼儿身体发育特点，实施科学的膳食管理。

首先，结合中国传统二十四节气，以应季的新鲜蔬菜、水果、肉类为食材，在色、香、味、型、营养、烹调方式等方面不断创新幼儿食谱，同时培养幼儿对健康食物的兴趣和对食物营养的正确认知。其次，邀请家长代表参与食堂开放展示、参加每月的膳食委员会、走进班级膳食营养活动现场等，增强幼儿园膳食管理的透明度，帮助家长及幼儿树立正确的饮食观、健康观。家园携手，力求把幼儿膳食做到精细化、多样化、营养均衡，不断提升膳食管理质量。

《幼儿四季营养膳食精选》由幼儿园膳食管理、幼儿园主题自助餐、幼儿园创意食谱三部分内容构成，重点介绍了幼儿园的花样膳食，希望能对托幼园所的营养膳食科学管理有所帮助。书中难免有不妥之处，敬请各位专家、同仁提出宝贵意见。

兵器工业机关服务中心幼儿园
《幼儿四季营养膳食精选》编委会
2021年3月

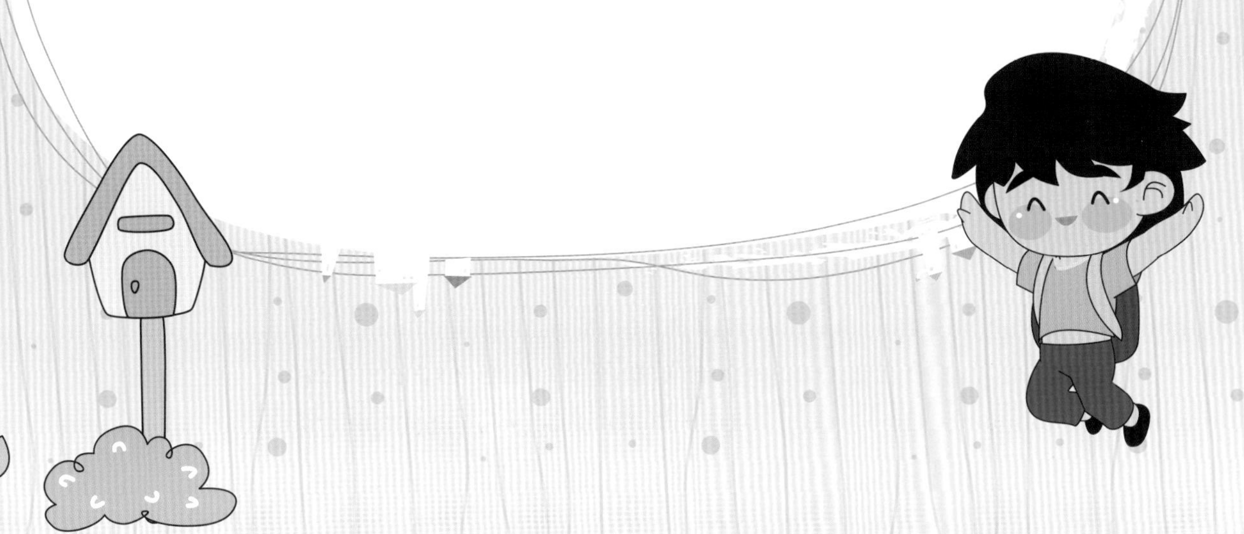

目　录

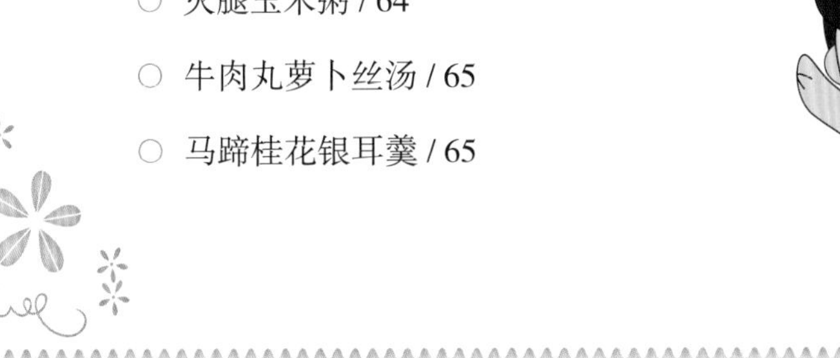

冬季篇……75

第一章

幼儿园膳食管理

《幼儿园教育指导纲要》（以下简称《纲要》）中明确指出，幼儿园必须把保护幼儿的生命和促进幼儿的健康放在工作的首位。兵器机关幼儿园在贯彻落实《纲要》的过程中，始终以《托儿所幼儿园卫生保健管理办法》《托儿所幼儿园卫生保健工作规范》为指南，认真执行《北京市托儿所、幼儿园卫生保健工作常规》，将卫生保健方面的各项要求纳入质量管理体系，形成管理制度化，以扎实稳进的工作状态确保管理工作质量的不断提高。

科学的膳食管理是幼儿健康成长的基础和重要保障。十余年来，兵器机关幼儿园在园幼儿的身高、体重增长合格率始终保持在90%以上，各项健康指标表明幼儿身体健康并保持良性增长的态势，这其中科学的膳食管理起着至关重要的作用。实践证明，科学的膳食管理依赖于健全的管理制度，依赖于行之有效的炊事操作规范，依赖于规范的保教工作，是一项科学系统的工程，需要幼儿园全体教职工的相互配合、共同努力。

一、健全食品安全制度，组织落实到位

（一）依托园内质量管理体系，实现膳食管理制度化

兵器机关幼儿园自2000年实施ISO9001质量管理体系认证以来，始终坚持以质量为主线，实行科学化、规范化的管理，认真执行《北京市托儿所、幼儿园卫生保健工作常规》，将膳食管理要求纳入质量管理体系中，做到了以制度育人、以制度管人、以制度管事。随着2005年北京市餐饮卫生量化分级A级管理要求的出台，以及《中华人民共和国食品安全法》等各类相关法律法规、规章制度的更新与颁布，幼儿园及时修订完善了园所各项食品安全卫生管理制度，从采购验收、库房管理、从业人员健康管理到食品加工、餐饮具清洗、食品留样、不合格食品退货等环节的二十余项相关制度，一一进行了严格规范，同时先后制订了膳食管理流程、炊事操作流程、食品留样流程、烹饪流程、库房管理流程、粗加工流程，并将其规范上墙，确保制度明确、有章可循、责任到岗到人。

2019年，兵器机关幼儿园积极贯彻《学校食品安全与营养健康管理规定》，将幼儿陪餐落到实处，建立“集中用餐陪餐制度”，并明确陪餐要求：一是做好陪餐计划，从园长—副园长—后勤主管—保教主任—保健医生，一日三餐轮班进行陪餐，不流于形式；二是陪餐不能只是“吃吃看”，要在食物烹饪前对食堂卫生状况、食材来源、食品留样、保鲜状况及炊事人员规范操作等方面，逐一进行检查；三是陪餐人员要详细记录饭菜的品种、名称、外观、口味、质量以及幼儿进餐情况等，不断提升食品安全管理水平，守住食品安全底线，让家长放心，为幼儿的饮食安全保驾护航。

（二）上级重视，责任落实到人

多年来依托完善的质量管理体系，成熟有效的运行机制，在工作中结合新形势和上级部门的新要求，不断对膳食管理制度进行补充，使其更科学、合理，从而提高了膳食管理工作的

科学性和可操作性。建立健全食品安全管理组织机构，园长作为第一责任人，要经常深入一线，检查并指导工作，全力保障食堂食品安全卫生基础设施的建设、设备的添置，做到对全局工作了然于心，对细节工作心中有数。后勤主管、保健医生、炊事班长坚持每天巡查食堂，及时发现、解决问题，充分调动炊事人员的工作积极性，共同做好食堂工作。责任的落实是食堂精细化管理的关键，与食堂工作人员签订食品安全责任书，将管理责任具体化、明确化，把管理目标层层分解，细化到每一项工作，并记录在相应的管理表格上，如“食品安全监督检查记录”“食堂从业人员岗前健康检查记录”“食堂餐具、用具消毒记录”“食堂菜品出锅记录”“食品留样记录”等，明确各项工作任务的目的、要求、责任人等，使执行者能够正确理解和领会完成任务的目标所在。2005年，兵器机关幼儿园以“A★★”的优异成绩通过了食品卫生量化分级验收；2008年，幼儿园将原有的部分散装食品（杂粮）全部更换为小包装，进一步规范了食品库房管理；2011年，投入近70万元，对食堂进行升级改造，使炊事操作空间的使用更合理，操作流程更规范科学；2016年，完成明厨亮灶工程，进一步加强食堂加工环节的规范化，实现阳光操作及透明化管理；2018年，兵器机关幼儿园在“海淀区幼儿园食品安全评比”中被评为海淀区食品安全管理先进单位。

二、以食品安全为依托，实现食堂管理精细化

（一）以安全为重心，从食品源头抓起

科学的膳食管理离不开食品安全，兵器机关幼儿园一直以来高度重视食品安全卫生工作，并将安全放在重中之重，实现全程监控。在质量体系中，幼儿园设置了科学规范的“炊事操作流程”，明确了在物品采购、库房管理、炊事加工以及食堂安全卫生中，保健医生、库房管理员和炊事员的行为和职责，根据食品采购需求和每一类食品的特性编制了“采购物品质量检验清单”。为了保证幼儿园食品安全，园所从源头抓起，使每一样食品都具有可追溯性；通过市场考察、比质比价选择确立了固定供货商，对其营业执照、流通许可证等相关资质进行留档备案；保健医生对其供货情况进行跟踪，确保所供货品质量安全有保证、来源清晰可查。同时，每年与供货商签订食品安全责任书，明确责任，进一步保证食品安全。

对于所购物品园所均指定品牌（国内知名厂家的指定品牌），杜绝转基因食品，对物品的生产日期以及送货时间提出具体要求，如鲜奶、豆制品、蔬菜和水果必须是当日出厂、当日清晨送达；从杂粮到调料均选用整包装、小包装产品等。

炊事人员在每次进货时，都能依据“采购物品质量检验清单”进行细致的验收检验，并认真填写“餐饮服务单位食品级相关产品进货登记”，记录从品名、规格、数量到生产日期和保质期，并当场清点物品的数量、称量核对后的重量，对物品质量进行现场评价等。同时，送货人和验收人双方签字确认，把好验货关，做到质量不达标的坚决不收，质量有疑问的坚决不收。

物品入库前进行第二人复验监收签字，确保不合格和有疑问的物品坚决不入库。保健人员通过定期现场检查和不定期抽查，以及每月监测情况，对供货商进行整体考评，对不符合标准的供货商坚决更换，真正做到食品安全从源头抓起。

（二）注重过程抓细节，实现食堂管理精细化

在食堂工作中幼儿园坚持做到常分类、常整理、常清洁、常检查、常自律的五常管理，注重加工过程的各环节，抓好每一个细节，实现食堂管理精细化。

常分类：经常清理食堂内的所有物品，根据物品的使用频率进行分类，分为必需物品与非必需物品，保证必需品的数量，清除非必需物品，腾出空间，防止食品交叉污染或误用。如对库房分类坚持物品先进先出、控制进货量的原则，依据每周带量食谱计算进货量，做到一周一要货，每次按量进货，确保库房物品无积压，也便于库房及时整理、清洁卫生。

常整理：对所有物品、操作工具做到常整理。所有区域均有明确的标识，每一件入库物品按物品名称摆放在固定位置，同时用清晰的标识标明名称、生产日期、保质期，确保所有物品有名有家。对于不同批次、不同生产日期的同类物品使用分隔板进行分隔，一目了然，方便先进的物品先出。对刀、铲等操作工具也实行定点存放，刀、盆、水池按使用方式标识，即根据蔬菜、肉、蛋及水产品区分标识，根据食材生熟程度严格区分使用，用后及时清洁并放回原处，便于他人使用。这样，一方面避免交叉污染，保证了食品安全；另一方面也减少了找东西的时间，提高了工作效率。

常清洁：对于工作环境做到常清洁，及时清除工作场所内的垃圾，防止污染的发生。每个人都有自己的负责区域，每项操作完成后，每名炊事人员都要养成随手清洗使用过的工具、擦拭台面的习惯；每餐完成后都要对自己的操作现场进行整理、清洁，保证所有使用的器械清洁到位，并加盖盖布，每天随时保持工作现场环境清洁，做到地面无积水。每周全体炊事人员对食堂内、外环境进行全面清洁，彻底清除污垢，做到冰箱每周除霜，地沟每周清洁，油烟机每月清洁，确保卫生无死角。

常检查：成立以园长亲自“挂帅”，后勤主管、保健医生、炊事班长组成的食品安全卫生检查小组，采用全面检查和随时抽查相结合的方式，对操作现场执行情况进行检查、监督、指导。建立食品卫生评价标准，从采购、储存、加工过程、食品留样、餐具消毒、环境消毒层层把关，明确炊事员职责，确保各项工作规范到位，所有问题均以考核机制来衡量。除此之外，借助海淀区教委食品安全科委托第三方公司、市场监督管理局等上级部门的监管，进一步提升食品安全监管力度，做到随来随查，随时到位。

常自律：通常定期培训、五常管理学习、定期总结、反思评价等活动，提高炊事员的修养和自律能力，创造一个具有良好氛围的工作环境，持续地、自律地执行上述四项要求，养成遵守规章制度的习惯。久而久之，大家的自律性得到了提高，凡事先为别人想，尊重别人的劳动成果，逐步从他律走向自律。

三、科学搭配膳食，确保幼儿营养均衡

（一）依据幼儿生长发育需求，科学合理地制订食谱

1. 精心研究，合理选择

花样食谱是制订带量食谱的基础，结合季节特点、市场供应情况、食物营养价值及实际操作的适宜性，幼儿园保健医生与炊事员密切合作，共同研制花样食谱，每月坚持花样食谱翻新，做到一个月不重样。其次，食谱制订要根据幼儿的年龄特点，依据3~6岁幼儿的消化功能及对食物的接受程度，抓住色、香、味、型等特点，少油炸食品，不使用味精、鸡精等食品添加剂，严格控制幼儿食盐用量（每天不超过3克）。幼儿园通过不断研究与实践，进行了四季粥、营养蒸饭、粗粮细做、节气美食等花样食谱创新，满足幼儿味蕾的同时也保证了营养素的摄入量，达到或超过中国营养学会推荐的营养素供给标准。

2. 膳食多样，注重搭配

任何一种食物都不可能全面满足幼儿生长发育的需求，只有将不同食物合理搭配才能使幼儿获得全面、均衡的营养，为此，幼儿园在食谱的搭配中更加注重合理选择。

注重动物蛋白和植物蛋白合理搭配——动物类食品（鱼、虾、鸡、牛、猪肉等）与豆制品（黄豆、素鸡、香干、豆腐等）食品搭配，保证幼儿获得优质蛋白质，提升了蛋白质的互补作用。

注重干稀搭配——米饭与汤组合，粥与包子、馒头组合，酸奶与餐点组合，这样既补充了水分，增进了幼儿食欲，又提高了营养的吸收率。

注重甜咸搭配——主副食搭配要突出甜、咸味道变化，如糖醋莲藕丸子与醋溜白菜搭配，两种味道相似，口感重复，搭配不可取。早餐两种面点花样可以是枣泥卷与火腿馒头、果酱包与蔬菜馒头等，突出口味变化，也增加了幼儿自主选择的机会。

注重粗细粮搭配——每日的主副食安排一定量的粗粮，结合季节搭配，如秋、冬季适量添加蒸红薯、蒸南瓜等，夏季添加煮玉米。在进餐时教师发现幼儿对粗粮的喜爱程度较低，他们更喜欢吃炒饭、面条和馅类面点，在此基础上幼儿园不断进行研究与改良，将粗粮与其他食材结合制作成了紫薯包、南瓜蒸饺、玉米面蔬菜包、荞麦什锦面、粗粮虾滑面等，增加了膳食纤维，提升了营养互补作用。

注重荤素搭配——蔬菜品种多样，可分叶菜、根茎、花菜、瓜茄等，他们除了含有大量水分及少量蛋白质、脂肪外，主要含有一定的糖和丰富的维生素及无机盐，蔬菜若与肉类食品配菜，营养会更全面。如肉片烩西兰菜、花菜、胡萝卜片等，猪肉含有丰富的蛋白质、脂溶性维生素A等营养素，这些营养素与蔬菜中的胡萝卜素、维生素C等水溶性维生素搭配，营养既互补，风味又独特、色泽也亮丽，幼儿的食欲因此会被调动起来。

注重食物搭配禁忌——很多绿色蔬菜，如菠菜、芹菜含有草酸，会影响矿物质的吸收，与矿物质较多的食物同食，会降低营养价值。了解各种蔬菜的忌、宜特性，合理搭配菜肴，可以

提高营养吸收率。如菠菜豆腐羹，虽然口味鲜美，但两者搭配会产生草酸钙，不利于人体吸收；白萝卜与胡萝卜同食，会造成维生素C流失；西瓜与火龙果、梨与哈密瓜等寒凉性水果同食，容易引起幼儿胃肠道不适。因此，食物忌、宜调配得当，更利于幼儿的营养摄入和吸收利用。

3. 严格配比，营养均衡

在花样食谱的基础上制订带量食谱。幼儿园以《中国居民膳食指南》为指导，严格按照《北京市托儿所、幼儿园卫生保健工作常规》的要求，满足3~6岁幼儿生长发育所需的蛋白质、脂肪、碳水化合物（糖）、水、微量元素和维生素六大营养元素需求量，确保每人每日营养素摄入量达到DRIs的80%以上，优质蛋白占蛋白总量的50%以上，确保幼儿三餐两点热量分配合理：早餐30%（包括上午10点的加餐），午餐40%（包括下午2点的午点），晚餐30%（含晚上8点的少量水果、牛奶等），再进行膳食计划和食后营养核算。食堂采购人员须按带量食谱要求供应食品，炊事人员按照食谱上的规定花样和各种原料的用量制作饭菜，这样才能保证计划落实，使幼儿得到足够的营养量。

（二）精心、科学烹调，保证膳食质量

1. 合理切配，注重口味

在加工和切配幼儿食物时，要充分考虑幼儿的年龄和生理特点，3~6岁的幼儿咀嚼、消化机能尚未发育健全，食物应当细、软、碎、烂，以细丝、小丁、小片、无刺为宜，随着幼儿年龄的增长逐步过渡到接近成年人的膳食。如“蜜汁牛肉”这道菜会把牛肉切成小块，但对于幼儿来说不容易嚼烂，导致他们不爱吃，因此把牛肉打成泥，再做成食品很适合幼儿咀嚼消化。

口味至关重要，既要做到美味可口又要色香味俱佳，通过实践与积累，幼儿园总结出少油、少盐、低糖、无刺激的调味方法更适宜幼儿。在制作幼儿膳食时，采用清淡的调味方法，如“三色鱼丸”清淡、细腻、鲜美、颜色突出；制作“素烧丝瓜”时，加入少量糖，提升了菜品鲜味。同时，要利用各种调味品烹调出适宜幼儿的菜品，如“红薯咕咾肉”，利用番茄酱调配出红色，酸甜可口，色彩丰富，受到了幼儿的喜爱。

2. 科学烹调，保证营养

食物的烹调会直接影响到幼儿的食欲，为保证膳食质量，科学烹饪至关重要。在烹制过程中，尽量减少营养素的损失，多采用蒸、煮、烩制等方法，少采用油炸方式。炊事员要严格掌握洗、切、配、烫、烹、调、炒等各道加工环节的正确操作，在工作中注意积累经验，如食物清洗阶段应注意先洗后切，减少水溶性营养素的流失；淘洗米的次数要适量，减少维生素B等营养素的损失。在烹调阶段根据食物的特点采用相应的烹调方法，如用旺火急炒法，以减少蔬菜营养素流失。同时，幼儿园加强了炊事员基本功训练，通过技能比武、知识培训等形式，提高烹饪水平，减少操作不当引起的营养素流失。

3. 精致饮食，吸收营养

烹饪食物时，不仅关注营养搭配，还要充分考虑幼儿的心理、生理特点。幼儿好奇好动，易受外部刺激影响，因此在制作膳食时注意食物的色、香、味和外观形象，做到品种丰富、色泽美观、外形新颖、味道鲜美。如把面点加工成小动物、水果形状，用紫米面做小刺猬包，用南瓜面和豆沙馅做香蕉包等，既能提升幼儿的食欲，又能确保营养的摄入。此外，幼儿园根据二十四节气进行了节气美食的创新，结合节气习俗及气候、饮食特点，在饮食上做调整，呵护幼儿健康，进一步提高了膳食的科学性。如：立春吃春卷，既遵从中国传统习俗，又能通过多种蔬菜搭配获得多种营养；夏至到了，天气闷热潮湿，一碗冰糖莲子绿豆粥，既养心护脾胃，又起到了清热降暑的作用；立秋时节，气候变干燥，要注意清肺润燥，银耳枇杷粥能起到清肺止咳的作用；冬至时节，用多种食材为幼儿准备五颜六色的饺子，既能从中体验我国传统节气文化，又为幼儿摄取更多的营养提供了保障。

四、食品安全齐监督，健康生活同构筑

确立食品安全工作的重要地位。兵器机关幼儿园高度重视食品安全卫生工作，始终坚持“健康第一，保教并重”，从班级各项卫生消毒到位，幼儿正确洗手等良好卫生习惯、饮食习惯的养成，到就餐时正确指导幼儿分发、使用餐具，避免餐具交叉污染，全力保障孩子的饮食安全。

保教人员本着高度负责的态度做好各项进餐工作。餐前保育员严格做好卫生防护，按照“七步洗手法”洗净双手，穿好分餐服、戴好头巾，按照“清—消—清”步骤对桌面、餐车进行消毒擦拭，做好各项餐前准备工作。分餐时通过“观”“嗅”确认饭菜质量后再进行分餐，感官发现异常立刻停止分餐，第一时间上报保健人员，并逐级上报园领导。幼儿园要明确规定保教人员负责把好食品安全最后一道关，只有确认食品安全才能为幼儿分餐。通过严格执行食品安全制度，人人落实责任，层层检查，层层把关，不断提升食品安全管理水平，从而确保幼儿饮食安全。

食品安全，责任如山，只有不放松任何一个环节，严把“七关”（即食品采购验收关、炊事人员加工关、库房管理关、人员健康关、清洗消毒关、食品留样关、幼儿用餐关），才能使幼儿园的膳食管理工作走上规范化、制度化、标准化、科学化的道路。其次，幼儿园要有一支营养知识丰富、善于管理的队伍，还要有一批烹饪技术娴熟和热爱幼教事业的专业队伍，多方联动、密切合作，共筑幼儿食品安全防线。

第二章

幼儿园主题自助餐

自助餐是一种现代的、自主的就餐方式，因其品种繁多、自主选择、自由搭配、色香味俱全等特点，深受幼儿的喜爱。为了让幼儿能够更好地体验自助餐的文化礼仪，能够在生活中学会自己动手，在动手中体验快乐，在快乐中品尝美味，兵器机关幼儿园每个月开展一次不同主题的自助餐活动。

一、健康教育相融合

幼儿自助餐作为一种特殊的进餐方式，给予幼儿提高自理、自律、自主能力的机会，也为教师提供了教育契机。在开展自助餐前期，幼儿园会围绕不同主题开展相关膳食营养健康教育活动，让幼儿感受不同的饮食文化，了解不同节气的膳食营养知识，激发幼儿进食的兴趣和愿望，保证营养摄入均衡。如：在主题为“金色的收获”的秋季自助餐活动中，幼儿与教师一起到幼儿园种植区找秋天，亲自动手挖红薯、土豆、摘蔬菜等，在此过程中更加真实地观察到蔬菜的生长，了解了食物的特性和营养等知识，从感知到品尝，进一步提高了幼儿对食物的认知，使他们懂得了珍惜食物，帮助他们建立了良好的饮食习惯；在以二十四节气为主题的“冬至暖融融，快乐齐分享”的自助餐活动中，幼儿在前期收集了关于冬至的习俗、饮食文化等知识，与同伴分享讨论，保健医生围绕节气活动把菜品介绍给幼儿，使他们更深刻地了解节气膳食营养知识，了解节气与饮食的关系，以及如何吃得合理、吃得更健康。同时，充分利用家长资源，开展“家长进课堂”活动，由家长担任老师或助教向幼儿传递膳食营养知识，和孩子们一起进行食物制作，让孩子们体验到特别课程，形成家园一致的健康营养膳食理念。

二、自主设计有心意

进行自助餐之前，幼儿园把更多自主权交给幼儿。在活动前，教师告诉幼儿本次自助餐的食谱，由他们设计餐牌、介绍食谱，使他们在参与的过程中了解食物的营养与价值。中、大班幼儿有一定的自助餐经验，他们对自助餐中应该遵守的规则以及如何解决遇到的问题等进行讨论，再制作成海报，直观形象地进行展示。大班的幼儿还与小班的幼儿分享进餐礼仪，如轻拿轻放用具、正确使用夹子和公勺、光盘行动等良好行为，传递文明用餐的方法。在结合自助餐开展的“炊事人员技能比武”活动中，大班幼儿也成了小评委，他们对每一道菜品通过评星方式来评分，亲自为食堂的叔叔阿姨制作奖牌并为他们颁奖，使幼儿成为生活中的小主人，更学会了感恩。

三、餐品花样巧设计

与平时餐品不同，自助餐对餐品要求更高，需要保健医生与炊事员在活动前进行讨论，结合不同的主题、季节、节气、食物营养特点等加强对菜品的研究，创新花样食谱。考虑到幼儿偏食、挑食的情况，自助餐通过有趣的造型、丰富的色彩激发幼儿的进餐兴趣。如：主题为

“舌尖上的春天”自助餐自活动创作了菜品“春天的种子”，它是把豌豆镶嵌在处理好的虾茸球中蒸制而成，象征了春天破土而出的种子，也寓意了幼儿茁壮成长；“立夏的味道”自助餐活动，结合传统习俗设计了适宜幼儿食用的“立夏饭”，它选用毛豆粒、胡萝卜、木耳、火腿等食材制作而成，味道可口、颜色丰富，深受幼儿的喜爱。面点制作也有创意，如：春季的粗粮小刺猬、枣泥小兔包；夏季的草莓果、毛毛虫；秋季的金元宝、柿子包；冬季的营养甜甜圈、甜橙包等，充满童趣的造型大大提高了幼儿的进食兴趣。通过不断学习，理论结合实践的不断摸索、尝试与改良，切实保障了自助餐餐品质量，同时提高了炊事员的烹饪水平，使他们在此过程中学会了以幼儿为主体进行食谱研究与创新。

四、就餐习惯要培养

好的习惯不是一天养成的，良好的自助餐礼仪需要不断在实践中深化和巩固。在活动中，幼儿园尝试进从以下几个方面进行习惯培养。

（一）建立规则，自己取餐

在日常生活中，班级教师根据幼儿的年龄特点循序渐进地帮助其积累前期经验，建立规则意识，尝试自己夹取食物，如：小班幼儿可逐渐尝试自己夹馒头、包子，有序取餐等；中大班幼儿自己盛菜、盛饭、盛汤，在此过程中教师做到“放手不放眼”。幼儿通过使用夹子、筷子、勺子等餐具，增强了小关节灵活性，同时在端取食物过程中锻炼了平衡能力，幼儿拿取食物的能力和速度渐渐得到了提高。

（二）有序排队，依次取餐

在平日学习中，幼儿懂得自觉排队取餐盘、选择食物，学会轮流、等待与礼让，能够遵循先来后到的顺序有序取餐。

（三）合理搭配，按需取餐

幼儿在愉快、自主的用餐体验下，懂得了吃多少拿多少，能根据自己的胃口和喜好勤拿少取，做到不挑食、不偏食、不暴饮暴食、荤素搭配，每种食物尝一尝，确保营养均衡。

（四）收拾桌面，物归原处

幼儿取用菜肴时以自助为主，并能做到善始善终，在用餐结束之后，自觉地收拾桌面并将餐具送至指定位置，培养了幼儿的自我服务意识和自理能力。

五、家长参与共促进

家庭是幼儿园重要的合作伙伴，家长参与幼儿园活动对于提升教育质量、促进幼儿全面发展、转变育儿观念、改进教育方法等都起到积极的促进作用。在开展主题自助餐活动中幼儿园会邀请部分家长代表参与到活动中，从环境布置、餐前消毒、餐具摆放到组织幼儿有序取餐、进餐，直至最后品尝食物，使家长深入了解了幼儿园的膳食情况，并使他们感受到幼儿园以极

会邀请部分家长代表参与到活动中，从环境布置、餐前消毒、餐具摆放到组织幼儿有序取餐、进餐，直至最后品尝食物，使家长深入了解了幼儿园的膳食情况，并使他们感受到幼儿园以极大的热情欢迎家长参与膳食管理，提升家长对幼儿膳食管理的信任度。在参与活动后更能感受到幼儿自理、自立、自主、自信能力的不断提升，体会到幼儿园对幼儿身心发展的关注和教师在设计和实施活动中的用心，从而更好地形成家园合力。

家长们普遍反映幼儿园的自助餐品种不仅花样多、品种全，而且做工精细、搭配合理、营养丰富，深受孩子们喜欢。也有的家长主动对幼儿伙食提出合理化建议，并将自己在家里为幼儿制作的食谱花样提供给幼儿园。幼儿园积极采纳家长提出的意见、建议，从幼儿实际需要出发，不断提升膳食质量和管理水平。

让孩子们吃得健康、吃得合理、吃得快乐，一直是兵器机关幼儿园关注的重点，如今主题自助餐活动已成为幼儿园的常态项目。兵器机关幼儿园将不断探索、实践和反思，合理调整食物结构，优化膳食模式，使每一位幼儿健康、快乐地成长。

第三章

幼儿园创意食谱

春季篇

春天是万物生长的季节，也是幼儿生长发育的最佳时机，钙的摄入量要随之增加，平时可以多吃鱼、虾、鸡蛋、牛奶、豆制品、芝麻酱等含钙丰富的食物。

早春时节，天气仍然寒冷，幼儿营养结构应以高热量为主，除豆制品外，还应选用芝麻、花生、核桃等食物，及时补充能量。同时，春季温度变化较大，细菌、病毒等微生物开始复苏繁殖，人体容易受到侵袭，在饮食上应摄取足够的维生素和无机盐。小白菜、油菜、西红柿、柑橘等新鲜蔬果富含维生素C，具有抗病毒作用；胡萝卜、韭菜、豌豆苗等富含胡萝卜素；牛奶、动物肝脏、蛋黄等动物性食品富含维生素A，具有保护上呼吸道黏膜的功效，能够增强幼儿的抵抗力。春季幼儿易过敏，食用海鲜、鱼虾等易引起过敏的食物时要注意。

精选膳食 季节菜品

春天的种子

用料用量

虾仁30克，鸡蛋清5克，豌豆1克，盐1克，白胡椒粉0.5克，料酒、淀粉适量。

制作步骤

1. 豌豆洗净备用。
2. 虾仁化冻去虾线，洗净剁成泥，加少许料酒。
3. 虾泥中放入盐、白胡椒粉、鸡蛋清、淀粉，顺着一个方向搅打，直到虾泥搅打上劲。
4. 将打好的虾泥挤成丸子，放入容器中，在每个丸子上放一粒豌豆，之后上锅蒸20分钟，出锅即成。

营养解读

虾仁中含有丰富的蛋白质、虾青素、牛磺酸及钙、钾、碘、镁、磷等矿物质，具有增强免疫力的功效。

制作要点

处理虾仁时可以加入几滴柠檬汁，除腥味并增加虾的鲜味。

爆三样

用料用量

猪里脊10克，鸡胸肉10克，牛里脊10克，木耳1克，鸡蛋清2克，葱末1克，姜末1克，花生油4克，糖3克，生抽1克，老抽1克，盐1克，白胡椒粉0.5克，料酒、淀粉适量。

制作步骤

1. 木耳泡发洗净，切块备用。
2. 猪里脊、鸡胸肉、牛里脊洗净切片，分别放入白胡椒粉、少量盐、鸡蛋清、淀粉上浆备用。
3. 锅中倒入油，烧至八成热时，分别放入肉片滑熟盛出备用。
4. 锅中留底油，放入葱末、姜末，炒出香味，放入肉片、木耳大火翻炒，加入生抽、老抽、盐、糖翻炒均匀，出锅即成。

营养解读

三种肉类含有丰富的蛋白质、脂肪、脂溶性维生素及铁、锌等矿物质，具有补中益气、强健身体等功效。

制作要点

木耳泡发时间不宜过长，肉类切片要小，炒制要掌握火候，以免影响口感。

玉米豆腐丸子

用料用量

猪肉25克，鸡蛋清5克，豆腐5克，玉米粒5克，花生油2克，芝麻油0.5克，盐1克，白胡椒粉0.5克，淀粉、料酒适量。

制作步骤

1. 豆腐块冲洗后压成泥；玉米粒洗净备用。
2. 猪肉洗净绞成肉馅，在肉馅中加入盐、白胡椒粉、花生油、芝麻油、豆腐泥、玉米粒、鸡蛋清、料酒、适量水和淀粉，顺着一个方向搅动，直到肉馅搅打上劲。
3. 将打好的肉馅挤成丸子，放入容器中，上锅蒸20分钟出锅即成。

营养解读

猪肉与豆腐含有丰富的动物、植物蛋白，两者互补，提高了吸收利用率，有助于增强机体抵抗力和免疫力。玉米粒中的膳食纤维，可促进胃肠蠕动。

制作要点

豆腐肉馅不能太稀，以免影响丸子成型和口感，采用蒸的烹调方法更适宜幼儿。

什锦西兰花

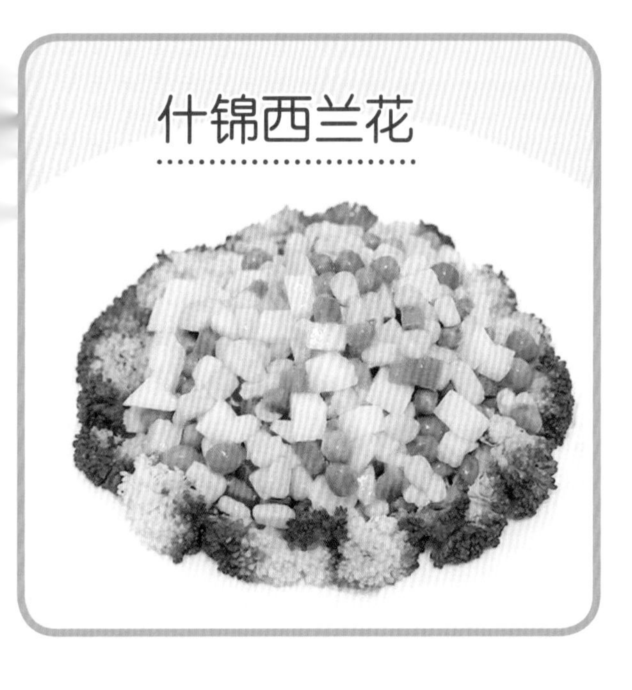

用料用量

西兰花70克，玉米5克，胡萝卜5克，豌豆5克，山药10克，葱末1克，盐1克，淀粉2克，花生油3克。

制作步骤

1. 山药去皮，切丁备用；西兰花掰成小朵，清洗焯水备用。
2. 胡萝卜洗净去皮切丁，油煸备用。
3. 玉米粒、豌豆粒洗净，焯水备用。
4. 锅中倒入花生油，烧至八成热时放入葱末炒出香味，放入处理好的食材及少许盐翻炒，加薄芡翻炒均匀，出锅即成。

营养解读

西蓝花富含维生素C、维生素B_1、维生素B_2、胡萝卜素、膳食纤维等，有助于保护儿童视力和肠道健康。

制作要点

西兰花焯水时可放入适量的盐和食用油，焯水时间不宜过长，以减少营养流失、保持色泽。

鱼米之乡

用料用量

龙利鱼50克，豌豆5克，胡萝卜5克，玉米粒5克，鸡蛋清2克，葱末1克，姜末1克，花生油2克，芝麻油0.5克，盐1.5克，淀粉、料酒适量。

制作步骤

1. 龙利鱼清洗干净剁成泥，放入盐、料酒、鸡蛋清、淀粉，和成鱼肉浆备用。
2. 胡萝卜去皮切丁，油煸备用；玉米粒、豌豆洗净，焯水备用。
3. 锅中放入水，水开时用漏勺下入鱼肉浆，汆熟捞出备用。
4. 锅中倒入油，烧至八成热时煸炒葱末、姜末，依次下入配料，大火翻炒至熟，放入盐，勾入薄芡，出锅前淋入芝麻油即成。

营养解读

龙利鱼富含优质蛋白、不饱和脂肪酸、维生素A和锌、碘、硒等矿物质，具有促进骨骼生长和大脑神经细胞发育、增强记忆力、保护眼睛等功效。

制作要点

下鱼浆时掌握时间，汆制不宜过长，否则影响口感。

素炒木须

用料用量

黄瓜70克，鸡蛋液20克，木耳1克，金针菜3克，葱末1克，花生油3克，盐1克，糖1克。

制作步骤

1. 黄瓜洗净，切片备用。
2. 木耳、金针菜泡发，洗净切碎备用。
3. 鸡蛋液炒熟备用。
4. 锅中倒入花生油，烧至八成热时放入葱末爆出香味，再放入处理好的食材、盐、糖翻炒均匀，出锅即成。

营养解读

鸡蛋是全营养食物，能够补充优质蛋白质和必需脂肪酸，促进儿童生长发育；黄瓜和黑木耳富含膳食纤维，可防止儿童便秘、积食。

制作要点

金针菜不能用直接采摘的，要选用干制的。

粉丝奶白菜

用料用量

奶白菜90克，粉丝3克，葱末1克，盐1克，花生油3克。

制作步骤

1. 奶白菜洗净，切段备用。
2. 粉丝泡发，洗净切段备用。
3. 锅中倒入花生油，烧至八成热时放入葱花爆出香味，再放入处理好的食材、翻炒均匀，出锅即成。

营养解读

奶白菜含有丰富的类胡萝卜素、维生素C、维生素B_2、膳食纤维和镁、碘等矿物质，具有清热解毒、和胃润肠的功效。

制作要点

炒制时要急火爆炒，以减少营养素流失。

精选膳食 趣味面点

粗粮小刺猬包

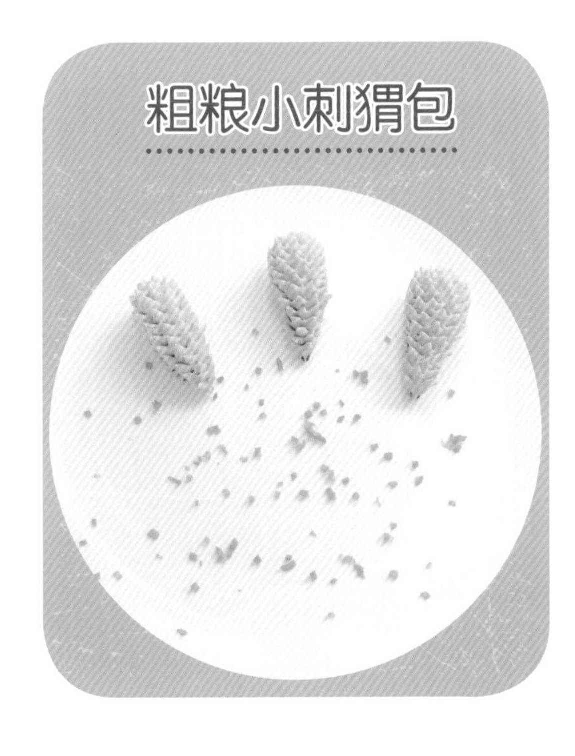

用料用量

面粉45克，紫米面5克，红豆沙5克，奶粉2克，酵母粉适量。

制作步骤

1. 将面粉、紫米面混合均匀，放入酵母粉、奶粉，加温水和成软硬适中的面团，发酵备用。
2. 将发好的面团揉匀，搓成长条，揪成剂子。
3. 将面剂子擀成中心厚四边薄的圆片，包入红豆沙，收紧口捏成水滴状，揉至表面光滑，用剪刀在其背部剪出小刺，将黑芝麻沾水镶在刺猬头部两侧做眼睛，成型后饧发15分钟。
4. 将饧好的生胚放入蒸箱，蒸15分钟即成。

营养解读

此面点富含B族维生素、花青素和膳食纤维，适合消化不良、挑食偏食、身体羸弱的儿童。

制作要点

紫米面不宜放入过多，否则影响色泽。剪刺猬刺时顺着一个方向剪，外形更美观。

双色小鸟

用料用量

面粉50克，奶粉2克，绵白糖2克，菠菜5克，胡萝卜5克，酵母粉适量。

制作步骤

1. 胡萝卜洗净去皮榨汁；菠菜洗净榨汁备用。
2. 面粉分两份，一份加入胡萝卜汁、一份加入菠菜汁，再分别加入糖、奶粉、酵母粉混合均匀，加温水和成软硬适中的两色面团，发酵备用。
3. 将饧发好的两色面团揉匀，分别搓成长条状，粘在一起拧成扣，捏出头尾造型，饧发15分钟。
4. 将饧好的生胚放入蒸箱，蒸15分钟即成。

营养解读

果蔬汁面团中含有更丰富的维生素、矿物质和天然色素，能改善儿童挑食、偏食。

制作要点

两色面团在拧扣时要注意力度，避免粘连。

西葫芦虾皮鸡蛋饼

用料用量

面粉45克，西葫芦20克，鸡蛋液15克，虾皮1克，花生油3克，盐1克，五香粉1克，酵母粉适量。

制作步骤

1. 西葫芦洗净，擦丝备用。
2. 面粉中加入西葫芦丝、鸡蛋液、虾皮、盐、五香粉、酵母粉和适量水，搅拌均匀成黏稠糊状，稍发酵备用。
3. 电饼铛加热刷油，倒入面糊摊平，烙至两面金黄后取出，切成菱形块即成。

营养解读

西葫芦富含维生素C、维生素K和钙、钾等矿物质，具有清热解毒、除烦止渴、抗病毒等功效。虾皮含有丰富的钙质，能够促进儿童生长发育。

制作要点

西葫芦鸡蛋饼发酵后口感更为松软，更利于幼儿消化。

海苔芝麻卷

用料用量

面粉50克，海苔2克，黑芝麻1克，奶粉2克，花生油0.5克，盐0.5克，酵母粉适量。

制作步骤

1. 海苔剪碎备用；黑芝麻炒香备用。
2. 面粉中加入奶粉、酵母粉，加温水和成软硬适中的面团，发酵备用。
3. 将发好的面团揉匀，擀成面片，在上面均匀涂抹花生油、盐，撒上海苔碎、黑芝麻，卷成单筒，横切成型，饧发30分钟。
4. 将饧好的生胚放入蒸箱，蒸20分钟即成。

营养解读

海苔富含膳食纤维、B族维生素、碘、牛磺酸等，具有利尿消肿，促进幼儿神经系统发育、提高免疫力的功效。

制作要点

黑芝麻炒制后口感更佳。

枣泥小兔包

用料用量

面粉50克，枣泥馅5克，奶粉2克，酵母粉适量。

制作步骤

1. 面粉中放入奶粉和适量的酵母粉，加温水和成软硬适中的面团，发酵备用。

2. 将发好的面团揉匀，搓成长条，揪成剂子。

3. 将面剂子擀成中心厚边缘薄的圆片，包入枣泥馅收紧口捏成椭圆形，揉至表面光滑，用剪刀在头尾部剪出耳朵、尾巴，将黑芝麻沾少许水镶在头部两侧做眼睛，成型后饧发15分钟。

4. 将饧好的生胚放入蒸箱，蒸15分钟即成。

营养解读

枣泥富含糖类、胡萝卜素、B族维生素、维生素C、环磷酸腺苷和钙、磷、铁等矿物质，具有缓解贫血症状、增加抵抗力、抗氧化等作用。

制作要点

饧发、蒸制时间不宜过长，否则蒸制后过大，影响美观。

香蕉豆沙包

用料用量

面粉50克，南瓜10克，可可粉1克，红豆沙3克，奶粉2克，酵母粉适量。

制作步骤

1. 南瓜洗干净，去皮蒸熟，捣成泥备用。

2. 面粉分成两份，一份加入南瓜泥后再分别加入酵母粉、奶粉，和成软硬适中的两色面团，发酵备用。

3. 将发好的面团分别揉匀、搓成长条，白面条揪成稍小的剂子，黄面条揪成稍大的剂子，分别擀成椭圆面片，白面团包入少量豆沙馅收紧口，搓成长条，再用黄面片包裹，捏成香蕉形状，底部沾可可粉，整理成型，饧发15分钟。

4. 将饧好的生胚放入蒸箱，蒸15分钟即成。

营养解读

南瓜富含胡萝卜素和膳食纤维等营养元素，具有保护视力、健脾和胃、润肠排毒的功效。

制作要点

饧发、蒸制时间不宜过长，否则蒸好后过大，影响美观。

马拉松糕

用料用量

面粉15克，鸡蛋液30克，奶粉1克，绵白糖5克，葡萄干2克，酵母粉适量。

制作步骤

1. 将鸡蛋液放入打蛋器中，加绵白糖打发成稠糊状。
2. 将打好的鸡蛋液放入容器中，筛入面粉，加入酵母，搅拌均匀放入温箱中，饧发30分钟。
3. 将饧发好的生胚，撒上葡萄干，放入蒸箱，蒸20分钟即成。
4. 松糕出锅后稍晾，切成菱形。

营养解读

此面点蛋白质互补，营养丰富，鸡蛋中富含优质蛋白和卵磷脂，具有增加抵抗力、促进大脑发育、强壮身体的作用。

制作要点

蒸制时一定要沸水上锅大汽蒸，蒸好后稍晾改刀，有利于成型。

精选膳食 营养汤粥

什锦菌菇汤

用料用量

黄瓜10克，口蘑5克，香菇2克，鸡蛋液10克，香菜1克，虾皮1克，芝麻油0.5克，盐1克，白胡椒0.2克。

制作步骤

1. 口蘑、香菇洗净，切碎备用；黄瓜洗净，切片备用。
2. 锅中加适量的水，放入口蘑、香菇，大火煮开，水淀粉勾芡，放入黄瓜、虾皮，倒入鸡蛋液成蛋花状，放入盐、白胡椒粉，淋芝麻油，撒香菜，出锅即成。

营养解读

此汤富含多种维生素和钙，有清热利尿、除湿解毒、解表化痰、提高免疫力的功效。

制作要点

黄瓜要开锅勾芡后放入，煮制时间不宜过长，以免影响颜色和口感。

罗宋汤

用料用量

牛肉15克，西红柿20克，洋葱5克，土豆10克，胡萝卜5克，番茄酱5克，糖3克，葱段1克，姜片1克，盐1克。

制作步骤

1. 牛肉切小丁，焯水捞出放入高压锅中，放入姜片、葱段和适量热水，压30分钟，至软烂。
2. 西红柿洗净，沸水烫2分钟去皮，切丁。
3. 土豆、胡萝卜、洋葱洗净去皮，分别切丁。
4. 将处理好的食材放入牛肉汤中，继续煮至蔬菜熟透，加入盐、糖、番茄酱，出锅即成。

营养解读

此汤富含蛋白质、胡萝卜素、维生素A、钙、钾等营养元素，具有健胃消食、增强免疫力、促进骨骼发育、预防贫血的功效。

制作要点

牛肉要选择牛腩，口感最佳。

燕麦红枣粥

用料用量

大米10克，燕麦片5克，无核小枣3克。

制作步骤

1. 小枣洗净备用。
2. 大米淘洗干净与麦片、小枣一起放入开水锅中，大火煮至软烂，转小火煮至粥黏稠即成。

营养解读

此粥粗细搭配，富含B族维生素、膳食纤维及矿物质，具有补血益气、补充能量、润肠通便的功效。

制作要点

选择无核小枣更利于幼儿食用，红枣煮制时间不宜过长，否则会有苦味。

节气营养加油站

立春食谱推荐

立春是生命萌发的时节，此时早晚温差较大，气候依然比较干燥，要格外当心“倒春寒”的侵扰，预防感冒等上呼吸道疾病的发生。立春开始，人体肝气渐旺，易影响脾胃功能，多吃山药、大枣、粗粮、豆芽等可以控制过旺的肝气，调和脾胃，并能增强免疫力，预防疾病。与此同时，立春与春节临近，常常大鱼大肉，饮食油腻，幼儿脾胃积滞状况比较严重，要注意饮食清淡，多吃蔬菜可以有效调理肠胃。

海苔烤鸡柳

用料用量

鸡胸肉30克，鸡蛋液20克，面包糠5克，海苔2克，花生油2克，盐1克，白胡椒粉0.5克，料酒、淀粉适量。

制作步骤

1. 海苔剪碎，加入面包糠中拌匀备用。
2. 鸡胸肉洗净切条，加入盐、白胡椒粉、料酒、少量鸡蛋液、淀粉，腌制30分钟。
3. 将腌好的鸡胸肉条，依次裹上淀粉、鸡蛋液、海苔、面包糠，放入烤盘中。
4. 将烤箱温度调至180度，烤制15分钟，出炉即成。

营养解读

鸡肉含有丰富的蛋白质和氨基酸，利于幼儿身体吸收利用，有增加体力的作用。

制作要点

烤制鸡柳时要依据鸡柳的大小调整温度，避免烤制过干或烤焦。

三丝春卷

用料用量

春卷皮20克，胡萝卜丝30克，鸡蛋液15克，绿豆芽20克，韭菜5克，葱末1克，盐1克。

制作步骤

1. 胡萝卜洗净去皮，切丝备用；韭菜择洗干净，切成小段备用；绿豆芽洗净，焯烫备用。
2. 鸡蛋液炒熟备用。
3. 锅中倒入油，烧至八成热时放入葱末爆出香味，再放入处理好的食材和盐，大火翻炒均匀盛出，稍晾凉备用。
4. 春卷皮中放入炒熟的食材，卷起收口。
5. 锅中倒入适量油，烧至七成热时放入春卷炸制金黄色，捞出即成。

营养解读

胡萝卜富含胡萝卜素，鸡蛋中蛋白质丰富，绿豆芽富含维生素C和膳食纤维，三丝春卷具有滋阴润燥，清热解毒等功效，最宜春季疏通肝气。

制作要点

春卷是立春时节的传统食物，品种多样，营养丰富，馅料可以根据口味变换食材。

五谷杂粮饭

用料用量

大米35克，紫米5克，小米5克，大麦仁5克，玉米糁5克，红小豆5克。

制作步骤

1. 红小豆洗净浸泡20分钟，再用高压锅煮20分钟。
2. 大米、紫米、小米、玉米糁、小米、大麦仁淘洗干净，浸泡30分钟，加适量的水及焖熟的红小豆，上屉蒸30分钟即成。

营养解读

此杂粮饭，营养互补，色彩丰富，富含蛋白质、矿物质、B族维生素及膳食纤维，具有润肠、健脑、平稳血糖的功效。

制作要点

所有的米、豆类提前浸泡，蒸制出的米饭更软糯。

核桃黑芝麻百合粥

用料用量

大米10克，黑芝麻2克，核桃仁2克，干百合1克，冰糖2克。

制作步骤

1. 干百合泡发，洗净备用。

2. 黑芝麻、核桃仁炒熟，压碎备用。

3. 大米洗净，与百合一同放入锅中大火烧开，转小火煮至黏稠，放入黑芝麻、核桃仁、冰糖搅拌均匀，出锅即成。

营养解读

此营养粥中含有的黑芝麻补肾乌发，核桃仁健脑益智，百合润燥化痰。

制作要点

黑芝麻、核桃仁炒香放入粥中，口味更佳。

节气营养加油站

惊蛰食谱推荐

惊蛰时节，天气开始转暖，万物复苏，这时气温逐渐升高，气候相对干燥，是各种病毒和细菌活跃的时期，容易出现咳嗽、皮肤过敏、咽干等症状，应小心预防。幼儿的身体组织功能活跃，新陈代谢加快，在饮食上要注意清肝养血、温和健胃，多吃胡萝卜、菠菜、豆芽菜、韭菜等，对预防疾病十分有益；利用大枣、山药等食材煮粥，可以温养脾胃，缓解过敏，增强免疫力。

雪梨鱼丁

用料用量

龙利鱼50克，豌豆5克，梨10克，葱末1克，姜末1克，花生油4克，盐1克，番茄酱3克，糖3克，淀粉、料酒适量。

制作步骤

1. 梨洗净去皮切丁，淡盐水中浸泡，捞出备用；豌豆洗净，焯水备用。
2. 龙利鱼洗净切丁，放入盐、料酒、淀粉上浆备用。
3. 锅中倒入油，烧至八成热时将上浆的鱼丁滑熟捞出。
4. 锅中留底油，放入葱末、姜末炒出香味，再放入处理好的食材及少许盐、番茄酱、糖翻炒均匀，加少许水勾芡，出锅即成。

营养解读

梨富含多种维生素，其中B族维生素尤其丰富，它具有润肺止咳、滋阴清热、保护肝脏的功效。惊蛰有吃梨的习俗，食用梨可以生津润燥、预防呼吸道感染，很符合此节气的饮食原则。

制作要点

处理好的梨用淡盐水浸泡，防止氧化变黑，制作时最后放入，可减少维生素流失，保持口感脆甜。

黄金米饭

用料用量

大米50克，胡萝卜5克，鲜玉米粒5克。

制作步骤

1. 胡萝卜洗净，去皮切丁。
2. 玉米粒洗净备用。
3. 大米淘洗干净，加入处理好的食材、适量的水，上屉蒸30分钟即成。

营养解读

黄金米饭富含胡萝卜素、膳食纤维等，具有润燥通便，健脾养胃，提高免疫力的功效。

制作要点

可以添加一些豌豆，颜色更丰富。

文丝豆腐羹

用料用量

内酯豆腐30克，胡萝卜3克，豌豆5克，盐1克，芝麻油0.5克，淀粉适量。

制作步骤

1. 内酯豆腐取出切丝，放入沸水中焯烫半分钟捞出，放入清水中浸泡备用。
2. 胡萝卜洗净去皮切碎；豌豆焯水切碎备用。
3. 锅中水开时放入豆腐丝、胡萝卜碎、豌豆碎稍煮片刻，转小火，水淀粉勾芡，放入盐，用汤勺轻推，搅拌均匀，淋入芝麻油出锅即成。

营养解读

豆腐富含优质蛋白、维生素B_1、钙、钾及大豆异黄酮等，具有促进骨骼和大脑发育的功效。

制作要点

切豆腐丝时，刀一定要锋利，否则很难切出又细又完整的细丝。

山药枸杞小米粥

用料用量

小米10克，山药10克，枸杞1克。

制作步骤

1. 山药洗净去皮切块。
2. 枸杞子洗净备用。
3. 小米洗净与山药一起放入开水锅中，大火煮至软烂转小火，待粥黏稠时放入枸杞子，搅拌均匀即成。

营养解读

山药富含蛋白质、微量元素和山药多糖，具有健脾益胃、助消化、益肺止咳等功效，春季食用具有缓解过敏，增强免疫力的作用。

制作要点

山药切小块更利于幼儿食用，枸杞子要提前浸泡。

节气营养加油站

谷雨食谱推荐

谷雨时节，降雨明显增多，此时天气转暖，气温回升，空气中湿度增大，身体湿气逐渐增大，幼儿在饮食上要注意健脾除湿，要多食杂粮，如薏仁米、莲子、芡实、白扁豆等；还要多食绿色蔬菜，如莴笋、豆苗、菠菜等。

翡翠夹心肉卷

用料用量

猪肉25克，鸡蛋清5克，莴笋15克，葱末1克，姜末1克，花生油3克，芝麻油0.5克，盐1克，白胡椒粉0.5克，料酒、淀粉适量。

制作步骤

1. 莴笋去皮洗净，切成拇指粗的小段备用。
2. 猪肉洗净绞成肉馅。
3. 在肉馅中加入盐、白胡椒粉、花生油、芝麻油、鸡蛋清、淀粉，顺着一个方向搅打，直到肉馅搅打上劲。
4. 将打好的肉馅均匀裹到莴笋上，放入容器中，上锅蒸15分钟出锅即成。

营养解读

莴笋富含膳食纤维、钾、维生素等，具有开通疏利、消积下气、宽肠通便等功效；猪肉中富含蛋白质和铁，具有预防贫血和促进生长发育的作用。

制作要点

蒸制时间不宜过长，否则影响莴笋的口感和色泽。

蛋香菠菜

用料用量

菠菜100克，鸡蛋液20克，葱末1克，花生油3克，盐1克。

制作步骤

1. 菠菜洗净焯水，切小段备用。
2. 鸡蛋液炒熟。
3. 锅中倒入油，烧至八成热时放入葱末爆出香味，放入处理好的食材和盐，翻炒均匀，出锅即成。

营养解读

菠菜以春季为佳，它富含维生素C、胡萝卜素、叶酸和铁、钙、磷等矿物质，具有补血、止血、滋阴平肝、除春燥的功效。

制作要点

菠菜食用前先用开水焯烫，去除草酸；菠菜含粗纤维较多，要稍切碎一些更利于幼儿食用。

红果饭团

用料用量

大米10克，紫米3克，糯米3克，黑芝麻1克，葡萄干2克。

制作步骤

1. 葡萄干清洗干净备用；黑芝麻炒熟备用。
2. 大米、紫米、糯米淘洗干净，浸泡30分钟，捞出再放入适量清水，上屉蒸30分钟。
3. 蒸好的米饭稍晾凉，放入葡萄干、黑芝麻搅拌均匀，捏成饭团后稍加热即成。

营养解读

紫米富含碳水化合物、维生素B_1、类胡萝卜素及矿物质钾、铁、锌等，具有保护视力、补中益气、健脾养胃的功效。

制作要点

糯米加入要适量，过多不利于幼儿消化。

薏米莲子粥

用料用量

大米10克，薏米5克，莲子2克，冰糖2克。

制作步骤

1. 薏米、莲子洗净，浸泡1小时备用。

2. 大米洗净与薏米、莲子一起放入开水锅中，大火煮至软烂转小火，煮至黏稠时放入冰糖，待冰糖完全溶化，搅拌均匀即成。

营养解读

薏米富含蛋白质、维生素B_1、维生素E、硒等营养元素，具有利水消肿、健脾止泻的功效，谷雨时节多食用能改善脾湿引起的脾胃不和等症状。

制作要点

薏米、莲子提前浸泡更容易熟。

夏季篇

炎热的夏季是人体能量消耗最大的季节，幼儿对蛋白质、水、无机盐、维生素及微量元素的需求量有所增加。夏季蛋白分解代谢加快，并且随着汗液排出大量微量元素和维生素，使机体抵抗力下降。在幼儿膳食上，要注意食物的色、香、味，烹调上要注意清淡易消化，少油腻，以增加食欲。平时，可为幼儿准备一些清热祛暑功效的食物，如冬瓜、丝瓜、黄瓜、西红柿、莴笋、西瓜等，既可生津止渴，又有滋养作用；还可选用豆类、瘦猪肉、鸭肉、香菇等补充丢失的维生素。此外，夏季幼儿要增加饮水量，及时补充水分，防止脱水，也要适量补充盐分（不可过多或过少）确保幼儿代谢平衡，还要避免过多食用冷饮、冷食，以免引起胃肠道疾病。

精选膳食 季节菜品

用料用量

鸡翅中55克，莴笋15克，胡萝卜5克，蟹腿菇5克，葱末1克，姜末1克，生抽1克，盐1克，糖1克，胡椒粉0.5克，料酒适量。

制作步骤

1. 鸡翅中洗净，剁掉两头脱骨，放入葱末、姜末等调味料腌制60分钟。
2. 莴笋、胡萝卜洗净去皮，切长条（约鸡翅中长度）；蟹腿菇择洗干净备用。
3. 将处理好的食材塞入鸡翅内，放入容器中，上锅蒸20分钟，出锅即成。

营养解读

鸡翅富含蛋白质、脂肪、钙、铁、钾等，具有益气养血，强健筋骨的功效。

制作要点

鸡翅中去骨可将两个骨头节点切开，一只手抓住鸡翅，另一只手抓住骨头，边扭边拽即成。

用料用量

龙利鱼55克，鸡蛋清5克，豌豆5克，玉米5克，胡萝卜5克，木耳0.5克，葱末1克，姜末1克，盐0.5克，白胡椒粉1克，淀粉2克，花生油3克。

制作步骤

1. 龙利鱼洗净切片，放入盐、白胡椒粉、淀粉、鸡蛋清，上浆备用。
2. 木耳泡发，洗净切碎备用；玉米粒、豌豆洗净，焯水备用。
3. 胡萝卜洗净，去皮切丁，油煸备用。
4. 锅中倒入油，烧至八成热时放入葱末、姜末炒出香味，放入鱼片滑熟，再放入处理好的食材及少许盐翻炒片刻，加薄芡翻炒均匀，出锅即成。

营养解读

龙利鱼含有丰富的蛋白质、不饱和脂肪酸、维生素A、锌、硒等，具有促进长高，保护视力、增强记忆力等功效。

制作要点

滑鱼片时间不宜过长，否则影响口感。

酱爆鸭丁

用料用量

鸭胸肉30克，黄瓜20克，洋葱5克，甜面酱2克，葱末1克，姜末1克，生抽1克，糖2克，盐0.5克，胡椒粉0.5克，淀粉、料酒适量。

制作步骤

1. 鸭胸肉洗净切丁，放入盐、料酒、白胡椒粉、淀粉，拌匀上浆备用。
2. 黄瓜洗净，切丁；洋葱去皮，洗净切丁备用。
3. 锅中倒入油，烧至八成热时放入葱末、姜末炒出香味，放入鸭肉滑炒至熟，再放入洋葱丁、黄瓜丁，放入甜面酱、糖，翻炒均匀出锅即成。

营养解读

鸭肉营养丰富，富含蛋白质、脂肪、维生素A、B_1、B_2、E和钙、钾、钠、镁、铁、锌、硒等，其肉性味甘、寒，有养胃生津等功效，体质虚弱、食欲不振、发热和水肿的人食之更为有益。

制作要点

甜面酱含盐量较高，注意掌握用量。

番茄排骨

用料用量

猪小排55克，西红柿15克，葱段1克，姜末1克，花生油2克，番茄酱3克，糖3克，生抽1克，盐1克，料酒适量。

制作步骤

1. 猪小排洗净，冷水下锅，开锅后撇去浮沫，捞出备用。
2. 番茄洗净，去皮切丁备用。
3. 锅中倒入油，烧至四五成热时放入葱段、姜片炒出香味，放入猪小排翻炒至表面金黄，放入西红柿翻炒，再放入料酒、生抽、盐、番茄酱、糖，加热水炖约60分钟，至汤汁浓稠，出锅即成。

营养解读

番茄含有丰富的维生素C、番茄红素、膳食纤维以及镁、铁、磷等矿物质，具有生津止渴、开胃消食的功效。

制作要点

排骨剁块要小，更利于幼儿食用。

松仁玉米

用料用量

玉米50克，胡萝卜10克，黄瓜20克，松子仁3克，葱末1克，糖2克，盐0.5克，淀粉2克，花生油3克。

制作步骤

1. 胡萝卜去皮切丁，油煸备用。
2. 黄瓜洗净去皮，切丁备用。
3. 玉米粒洗净，焯水备用。
4. 锅中倒入油，烧至八成热时放入葱末炒出香味，放入处理好的食材和盐、糖翻炒至熟，加薄芡翻炒均匀，出锅前放入松子仁即成。

营养解读

玉米含有丰富的玉米黄素、膳食纤维等，具有保护视力、通畅排毒的功效；松子仁含有丰富的不饱和脂肪酸及铁、锌、钙等矿物质，具有益气通便、润肺止咳、健脑的功效。

制作要点

炒制时间要适宜，以保持口感，减少营养素流失。

烧二冬

用料用量

冬瓜120克，干香菇1克，葱末1克，花生油3克，盐1克。

制作步骤

1. 冬瓜洗净去皮、去瓤，切丁焯水备用。
2. 香菇泡发，洗净切丁备用。
3. 锅中倒入油，烧至八成热时放入葱末爆出香味，放入处理好的食材、盐，大火翻炒均匀，出锅即成。

营养解读

冬瓜富含膳食纤维、维生素B_1、钾等，具有消肿利尿、化痰解渴、清热解暑的功效。

制作要点

冬瓜切小丁更利于幼儿食用。

什锦豆腐脑

用料用量

内酯豆腐60克，金针菜1克，木耳0.5克，芝麻油1克，鸡蛋液15克，生抽1克，老抽0.5克，葱末1克，盐1克，淀粉适量。

制作步骤

1. 木耳泡发，洗净切碎；金针菜泡发，摘去根蒂，清洗切碎。
2. 凉水入蒸箱，放入内酯豆腐，上汽蒸5分钟，倒掉蒸出的水分，用勺子片入容器中。
3. 锅中倒入油，烧至八成热时放入葱末爆香，放入处理好的食材，加适量清水，放入老抽、生抽调味，大火烧开后淀粉勾芡，倒入蛋液成蛋花，搅拌均匀至卤汁黏稠，放入盐，把芝麻油淋在豆腐上即成。

营养解读

豆腐富含优质蛋白、维生素B_1、钙、钾及大豆异黄酮等，具有促进骨骼和大脑发育的功效。

制作要点

制作卤汁将淀粉下锅时火要调小，及时搅拌，否则容易结成小疙瘩。

精选膳食 趣味面点

用料用量

面粉50克，番茄酱1克，巧克力粉1克，奶粉2克，酵母粉适量。

制作步骤

1. 面粉分成三份，其中一份加入番茄酱，一份加入巧克力粉，再分别加入奶粉、酵母粉，加温水和成软硬适中的三色面团，发酵备用。
2. 将三色面团分别擀成片，重叠卷起，用刀切成形，发酵30分钟。
3. 将饧好的生胚放入蒸箱，蒸20分钟即成。

营养解读

面粉富含碳水化合物、谷类蛋白、B族维生素和钙、铁等矿物质，具有健脾胃，除热止渴的功效。

制作要点

三色面重叠时要粘紧，否则容易松散。

金沙卷

用料用量

面粉45克，玉米糁5克，奶粉2克，绵白糖2克，酵母粉适量。

制作步骤

1. 面粉中加入奶粉、酵母粉、白糖，揉成光滑的面团，发酵备用。
2. 玉米糁洗净，控干水放入绵白糖做成馅备用。
3. 将饧发好的面团揉匀，搓成长条，揪成剂子。
4. 将面剂子擀成中心厚四边薄的圆片，包入玉米糁馅收紧口，压扁，用刀在周边切出切口，饧发15分钟。
5. 将饧好的生胚放入蒸箱，蒸15分钟即成。

营养解读

玉米糁富含碳水化合物、蛋白质、玉米黄素、维生素E及膳食纤维，具有促进胃肠蠕动、增强机体代谢、保护视力和皮肤健康的作用。

制作要点

刀切生胚时要顺着一个方向切，不能切断。

草莓果

用料用量

面粉50克，奶粉2克，糖2克，菠菜汁2克，红心火龙果汁5克，黑芝麻1克，豆沙馅5克，酵母粉适量。

制作步骤

1. 面粉分成两份，一份加入火龙果汁，一份加入菠菜汁，再分别加入酵母粉、奶粉，揉成软硬适中的两色面团，发酵备用。
2. 将发好的火龙果面团揉匀，搓条揪剂，擀成圆片，包入适量豆沙馅，捏成水滴状收紧口，均匀沾上黑芝麻。
3. 菠菜汁面团揉匀，搓条揪剂，擀成圆片，剪成草莓叶状，覆盖在草莓果上，饧发15分钟。
4. 将饧好的生胚放入蒸箱，蒸15分钟即成。

营养解读

红心火龙果富含花青素、维生素C、水溶性膳食纤维等，具有抗氧化、润肠通便、改善贫血、排毒护胃的功效。

制作要点

饧发、蒸制时间不宜过长，否则蒸制后过大，影响美观。

毛毛虫

用料用量

面粉50克，胡萝卜5克，紫薯5克，绵白糖2克，奶粉2克，黑芝麻，酵母粉适量。

制作步骤

1. 胡萝卜洗净去皮榨汁；紫薯洗净去皮上锅蒸熟，捣成泥。
2. 面粉分成两份，一份加入胡萝卜汁，一份加入紫薯泥，再分别加入酵母粉、绵白糖、奶粉，和成软硬适中的两色面团，发酵备用。
3. 将饧发好的两色面团揉匀，紫薯面团揪大剂子搓成粗长条，胡萝卜面团揪小剂子搓成细长条并均匀地绕在紫薯面胚上。黑芝麻沾水粘在毛毛虫头部两侧做眼睛，整理成型。
4. 将饧好的生胚放入蒸箱，蒸15分钟即成。

营养解读

紫薯富含膳食纤维、胡萝卜素、钙、铁、硒、花青素等，具有促肠胃蠕动、增强抵抗力的功效。

制作要点

可根据需要调整面团颜色，增加食物色彩及趣味性。

蜗牛卷

用料用量

面粉45克，紫米面5克，芝麻酱2克，绵白糖2克，奶粉2克，酵母粉、黑芝麻适量。

制作步骤

1. 面粉、紫米面中放入适量的酵母粉、奶粉，加温水和成软硬适中的面团，发酵备用。
2. 芝麻酱与糖混合均匀备用。
3. 将发好的面团揉匀，揪成小剂搓成长条压扁，均匀涂抹混合好的芝麻酱。然后从一头卷起，剩余一小截用刀具切开，整理成头部触角。
4. 黑芝麻沾水粘在蜗牛头部做眼睛，整理成型，饧发15分钟。
5. 将饧好的生胚放入蒸箱，蒸15分钟即成。

营养解读

芝麻酱富含蛋白质、脂肪、不饱和脂肪酸、维生素E、卵磷脂等，具有补中益气、润五脏、止心惊等功效。

制作要点

蜗牛可以调整成不同造型，增加食物的趣味性，激发幼儿食欲。

双色蔬菜馒头

用料用量

面粉45克，菠菜汁5克，小米面5克，奶粉2克，绵白糖2克，酵母粉适量。

制作步骤

1. 菠菜洗净榨汁备用。
2. 面粉分两份，一份加入小米面，一份加入菠菜汁，再分别加入奶粉、酵母粉，加温水和成软硬适中的两色面团，发酵备用。
3. 将饧发好的两色面团分别揉匀，搓成长条，再叠到一起搓长条，切成大小均匀的剂子，揉匀至表面光滑，饧发30分钟。
4. 将饧好的生胚放入蒸箱，蒸20分钟即成。

营养解读

小米含有丰富的蛋白质、胡萝卜素、维生素B_{12}，维生素A、维生素D，具有滋补人体、养胃益脾、促进消化、明目养眼的作用。

制作要点

菠菜汁不过滤，直接和面增加膳食纤维。

元宝饺子

用料用量

面粉50克，猪肉20克，虾仁10克，小白菜60克，胡萝卜10克，香菇5克，葱末1克，姜末0.5克，花生油3克，芝麻油1克，生抽1克，五香粉1克，盐1克。

制作步骤

1. 胡萝卜洗净去皮，榨汁备用。
2. 面粉中加入胡萝卜汁和适量温水，和成软硬适中的面团，饧发约30分钟。
3. 虾仁化冻洗净切碎；小白菜择洗干净剁碎、挤干水分；香菇洗净切碎。
4. 猪肉洗净绞成肉馅，加入葱末、姜末、生抽、花生油、芝麻油、盐，顺着一个方向搅打，直至搅打上劲，放入准备好的食材搅拌均匀。
5. 将饧好的面团揉至光滑，搓成长条，切成大小均匀的剂子，擀成中心厚边缘薄的饺子皮，包入适量馅料，两边对折捏紧成半月形，再将饺子两角对捏，成元宝状。
6. 锅中放足量水，烧开后放入饺子，煮熟捞出即成。

营养解读

小白菜富含蛋白质、脂肪、膳食纤维、钙、铁、胡萝卜素、维生素B_1、维生素B_2、维生素C等，具有解热除烦、健脾开胃、促进肠道蠕动、防止佝偻病的功效。

制作要点

元宝饺子大小适中，造型更加美观。

精选膳食 营养汤粥

番茄虾仁冬瓜汤

用料用量

冬瓜40克，番茄15克，青虾仁5克，鸡蛋液10克，花生油2克，芝麻油0.5克，盐1克，胡椒粉0.5克。

制作步骤

1. 番茄洗净去皮，切丁备用；冬瓜洗净去皮，切丁备用。
2. 青虾仁化冻洗净，切碎备用。
3. 锅中油烧热，放入番茄丁炒出汤汁，放入适量清水、冬瓜丁、虾仁碎，大火煮开打入蛋液，放入盐、胡椒粉，淋芝麻油出锅即成。

营养解读

此汤富含蛋白质、维生素C、膳食纤维、钾、钙等，具有健脾开胃、理气化痰、增进食欲、预防便秘、清热生津、利尿排湿的功效。

制作要点

番茄用热水汆烫，去皮更容易。

时蔬海鲜粥

用料用量

大米10克，青虾仁3克，龙利鱼3克，姜丝0.5克，芹菜5克，盐0.5克。

制作步骤

1. 青虾仁、龙利鱼化冻洗净，切碎备用。
2. 芹菜洗净，切丁备用。
3. 大米洗净放入锅中煮至开花，放入虾仁、龙利鱼、姜丝煮至黏稠，最后放入芹菜和盐，搅拌均匀，出锅即成。

营养解读

此粥含有丰富的碳水化合物、优质蛋白质、钙、铁、锌等矿物质及多种维生素，具有补中益气、醒脑健脾、降低炎症、提高免疫的功效。

制作要点

芹菜最后放，以保持营养及色泽。

大麦仁粥

用料用量

大米10克，大麦仁5克。

制作步骤

1. 大米、大麦仁淘洗干净，浸泡1个小时。
2. 将浸泡好的大米、麦仁放入开水锅中，大火煮制软烂转小火，煮至粥黏稠即成。

营养解读

此粥提供必要的碳水化合物，富含钙、磷、铁、B族维生素、维生素E等，具有健脾益气、开胃宽肠、消食化滞、养心安神的功效。

制作要点

大麦仁要提前泡发，煮制时更容易软烂。

节气营养加油站

立夏食谱推荐

立夏是夏季的开始，气温自此明显增高，这时胃肠道疾病开始高发，要特别注意幼儿的饮食卫生。天气炎热容易烦躁上火，食欲也会有所下降，因此立夏过后，幼儿养心、健脾、降火是关键，莲子、苦瓜、冬瓜、番茄等蔬菜都是不错的选择。此时，鱼虾肉质鲜嫩、蛋白质丰富，也可以多为幼儿食用。

豆腐宝盒

用料用量

虾仁35克，油豆腐15克，鸡蛋清2克，香菇1克，胡萝卜2克，豌豆1克，盐1克，淀粉2克，芝麻油1克，料酒适量。

制作步骤

1. 胡萝卜洗净去皮切丁备用；香菇洗净切丁备用。
2. 豌豆洗净焯水备用；油豆腐挖心备用。
3. 虾仁洗净剁成泥，放入鸡蛋清、淀粉、调味料搅打上劲，之后放入处理好的食材搅拌均匀。
4. 将处理好的油豆腐中间塞入虾泥，放入容器中，蒸制20分钟，出锅即成。

营养解读

豆腐富含优质蛋白、维生素B_1、钙、钾及大豆异黄酮等，具有促进骨骼和大脑发育的功效。

制作要点

豆腐宝盒里的馅料可以根据季节及食物营养进行搭配。

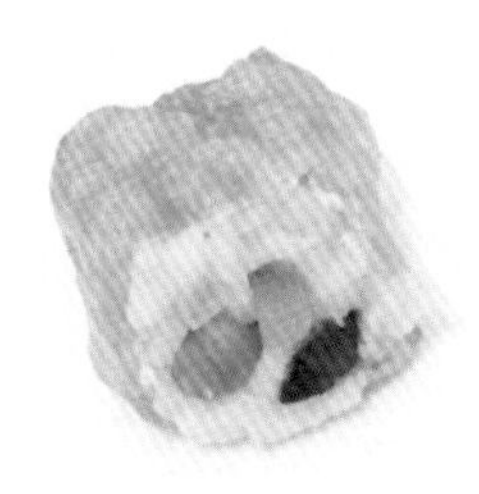
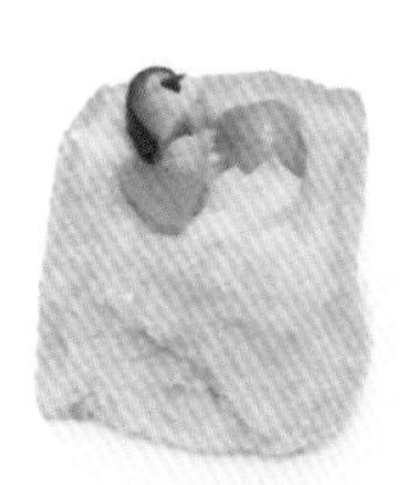
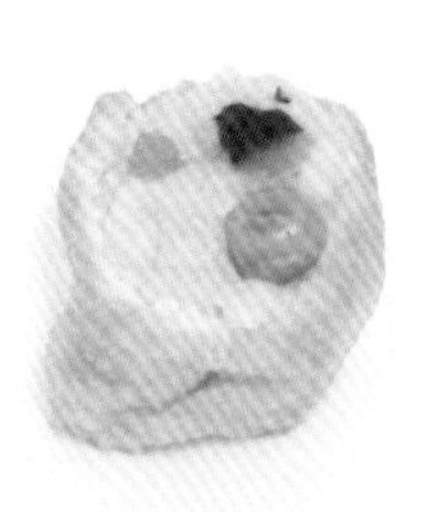
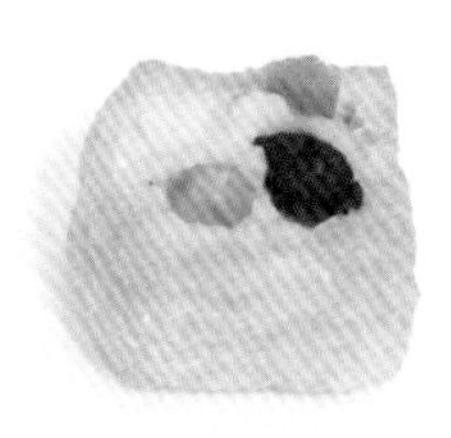

三色鱼丸

用料用量

龙利鱼55克，鸡蛋清2克，菠菜5克，胡萝卜5克，姜末1克，花生油2克，芝麻油0.5克，盐1.5克，白胡椒粉0.5克，淀粉、料酒适量。

制作步骤

1. 胡萝卜洗净，菠菜洗净焯水，分别榨成蔬菜汁。

2. 龙利鱼洗净剁成鱼泥，分成三份，一份放入胡萝卜汁，一份放入菠菜汁，再分别放入姜末、盐、料酒、白胡椒粉、淀粉、鸡蛋清，搅打上劲，成三色鱼泥备用。

3. 锅中放入水，水开时汆入鱼丸，汆熟捞出备用。

4. 锅中放少量水，水开后勾入水淀粉成薄芡，放入鱼丸，出锅前淋入芝麻油即成。

营养解读

三色鱼丸富含优质蛋白质、钙、磷、铁、胡萝卜素、维生素C等，具有保护视力，增强记忆力的功效。

制作要点

根据鱼肉比例，控制蔬菜汁量，以免鱼丸不成型，缺乏弹性。

立夏饭

用料用量

大米50克，毛豆粒5克，木耳0.5克，胡萝卜10克，火腿丁5克，生抽1克，盐1克，花生油3克。

制作步骤

1. 毛豆粒洗净，焯水备用；木耳泡发切碎备用；胡萝卜洗净去皮切丁备用；火腿切丁备用。
2. 大米淘洗干净，加适量水备用。
3. 锅中倒入油，烧至八成热时放入葱花爆出香味，放入处理好的食材及少许盐、生抽翻炒片刻，倒入米饭中搅拌均匀，上屉蒸30分钟即成。

营养解读

此饭荤素搭配、色彩互补、营养丰富，具有补中益气、补脾健胃、润肠通便、缓解疲乏的功效。

制作要点

立夏饭是节气传统饮食，可根据需要变换食材，如豆类或杂粮。

银耳莲子汤

用料用量

银耳5克，莲子3克，冰糖3克。

制作步骤

1. 银耳泡发洗净，去除底部硬结及杂质，撕碎备用。
2. 银耳、莲子凉水下锅，锅开后转小火煮制，煮约1小时汤汁稍黏稠，放入冰糖至完全黏稠，出锅即成。

营养解读

莲子富含碳水化合物、维生素和钙、铁、锌等微量元素，具有补脾润肺、清热降火的功效。

制作要点

要选择无芯莲子，不苦易于幼儿接受。煮制过程中要不断搅拌，防止粘锅。

节气营养加油站

夏至食谱推荐

夏至时节，高温、潮湿、雨水频繁，体弱的幼儿容易发生胃肠道疾病，在膳食上要注意防暑祛湿，养护脾胃。此时，幼儿饮食宜清淡、多吃瓜茄类食物，如番茄、黄瓜、茄子等，还要多食用玉米、小米、绿豆、赤小豆、豆腐等粗粮豆类，通畅肠胃，消除胃热。

香芹碎牛肉

用料用量

牛肉30克，香芹20克，胡萝卜5克，葱段1克，姜片1克，花生油3克，生抽1克，老抽1克，糖2克，盐1克，料酒适量。

制作步骤

1. 香芹摘叶洗净；胡萝卜去皮洗净切丁。
2. 牛肉洗净切粒，冷水下锅，大火烧开，撇去浮沫捞出，再放入开水锅中，放入葱段、姜片、料酒、生抽、老抽、糖、少许盐，炖约1.5小时。
3. 锅中倒入油，烧至八成热时放入葱段、姜片炒出香味，放入胡萝卜、芹菜、牛肉，大火翻炒均匀，出锅即成。

营养解读

芹菜富含多种水溶性维生素、钙、铁、膳食纤维等营养元素；牛肉富含丰富的蛋白质、钙、铁、磷和B族维生素。此菜具有补气血、健脾胃、清热解毒、利尿消肿的功效。

制作要点

牛肉切小丁或搅打成肉馅，更利于幼儿食用。

鱼香茄子

用料用量

圆茄子90克，西红柿15克，糖3克，香醋3克，花生油3克，葱末1克，蒜末1克，生抽1克，盐1克，淀粉适量。

制作步骤

1. 圆茄子去皮洗净切条，凉水再次冲洗，捞出备用。
2. 西红柿洗净，切块备用。
3. 锅中倒入油，烧至八成热时放入葱末、蒜末爆出香味，放入处理好的食材炒至软烂，再放入糖、醋、生抽、盐翻炒均匀，用淀粉勾芡，出锅即成。

营养解读

茄子以夏季为佳，它富含膳食纤维、多种维生素（如B族、VC)、多种矿物质（如钾、磷、钙）以及多种生物碱等，具有利尿消肿、清热解毒的作用。

制作要点

茄子切好后，放入淡盐水中浸泡，把水攥出再进行烹制，以防氧化变色。

粗粮虾滑面

用料用量

面粉50克，玉米面5克，猪肉15克，虾仁20克，西红柿50克，胡萝卜15克，马铃薯20克，芹菜30克，葱末1克，姜末1克，盐0.5克，生抽1克，花生油3克，淀粉适量。

制作步骤

1. 虾仁化冻去虾线，洗净剁成虾泥备用。
2. 将面粉、玉米面、虾泥加适量水和成面团，揉匀后擀成面条。
3. 猪肉洗净切成肉丁备用。
4. 芹菜择洗干净，切丁备用；西红柿洗净切丁备用。
5. 胡萝卜、土豆洗净，去皮切丁，过油备用。
6. 锅中放入油，烧至八成热时放入肉末煸炒至散，加入葱末、姜末炒香，烹入生抽，加入处理好的食材翻炒，加适量水大火烧开，改小火煮熟，勾芡成卤。
7. 面条煮熟捞出，加入打卤拌匀即成。

营养解读

玉米面富含B族维生素、膳食纤维等，具有健脾益胃、护眼明目、益智健脑等功效。

制作要点

伏日吃面是中国的传统习俗，为使面清凉爽口可根据需要变换不同食材。

夏日水果粥

用料用量

大米10克，哈密瓜5克，水蜜桃5克，冰糖2克。

制作步骤

1. 哈密瓜、水蜜桃洗净去皮、去核，取果肉切丁备用。

2. 大米淘洗干净放入开水锅中，大火煮至软烂转小火，煮至粥黏稠时放入冰糖至完全溶化，关火稍晾凉，放入哈密瓜、水蜜桃丁搅拌均匀即成。

营养解读

此粥提供必要的碳水化合物、蛋白质、糖，富含维生素C、铁等微量元素，具有补中益气、健脾养胃、生津止渴、润肠通便的功效。

制作要点

水蜜桃选择质地较硬的，更适宜放入水果粥中。

节气营养加油站

大暑食谱推荐

大暑一般处在三伏里的中伏阶段，是一年中最热的时候，很容易发生暑热，此时幼儿排汗量最大，需要加强补充水分。饮食上要注意健脾祛湿，消暑开胃，少食冷饮，食物可选择绿豆、薏米、丝瓜、西红柿、茄子、水蜜桃等。

鲜果鸡丁

用料用量

鸡胸肉20克，火龙果10克，哈密瓜10克，鸡蛋清5克，葱末1克，姜末1克，花生油4克，糖2克，盐1克，淀粉2克，白胡椒粉0.5克，料酒适量。

制作步骤

1. 鸡胸脯肉切丁，加干淀粉、白胡椒粉、鸡蛋清、料酒，上浆备用。
2. 火龙果、哈密瓜洗净，去皮切丁备用。
3. 锅中倒入油，烧至八成热时放入上浆的鸡肉滑熟捞出。
4. 锅中留底油，放入葱末、姜末抽炒出香味，再放入处理好的食材、盐、糖翻炒均匀，加少许水淀粉勾芡，出锅即成。

营养解读

哈密瓜富含糖、维生素A、果糖、维生素B族和VC、胡萝卜素、抗氧化剂和钙、钾、铁等微量元素，具有利便益气、清热止咳、防晒等功能。火龙果富含丰富的花青素、维生素C等，具有清热解毒、润肠通便的功效。

制作要点

可以根据季节搭配水果，烹制时水果要最后放，以保持水果色泽、口感，减少营养流失。

小熊猫饭团

用料用量

大米50克，海苔5克。

制作步骤

1. 大米淘洗干净，加适量水，上屉蒸30分钟。
2. 海苔剪出需要的形状备用。
3. 蒸好的米饭稍晾凉，团成长椭圆形的饭团，根据熊猫的外形粘贴剪好的海苔碎即成。

营养解读

此饭团富含蛋白质、糖类、钙、磷、铁、B族维生素等，具有补充能量、健脾补气的功效。

制作要点

捏饭团时不能用力过大，否则口感较硬。

丝瓜蛋皮汤

用料用量

丝瓜20克，鸡蛋液10克，芝麻油0.5克，盐1g，淀粉适量。

制作步骤

1. 丝瓜洗净去皮，切薄片备用。
2. 将鸡蛋液摊成鸡蛋薄饼，晾凉后切丝备用。
3. 锅中放入适量清水，烧开后放入丝瓜，勾薄芡，再放入鸡蛋丝、盐，淋上芝麻油，出锅即成。

营养解读

此汤富含蛋白质、脂肪、碳水化合物、钙、磷、铁以及维生素B_1、C等，具有清热利湿、润肠通便、提高机体免疫力的功效。

制作要点

丝瓜以夏季为最佳，切好后放入淡盐水中浸泡，以防氧化变色。

薏米绿豆粥

用料用量

大米10克，薏米3克，绿豆5克，冰糖2克。

制作步骤

1. 薏米、绿豆淘洗干净，浸泡2个小时备用。

2. 大米洗净，与泡好的绿豆、薏米一同放入开水锅中，大火烧开，转小火煮至黏稠，放入冰糖待其完全溶化，搅拌均匀，出锅即成。

营养解读

此粥富含蛋白质、碳水化合物、维生素B_1、维生素E、膳食纤维等，具有清热解毒、排湿利尿的功效，是消暑化湿气的佳品。

制作要点

薏米、绿豆提前用温水浸泡，煮制时容易熟烂。

秋季篇

秋季气候宜人，此时人体内的消耗开始减少，幼儿食欲开始增加，幼儿园要及时调整食谱，保证幼儿摄取充足的营养，补充夏季的消耗，并为越冬做准备。金秋时节，瓜果、豆荚类蔬菜比较丰富，幼儿的饮食应以防燥滋润为主，多吃芝麻、核桃、蜂蜜、梨等。秋季有利于调养身体，可多吃一些健补脾胃的食物，如莲子、板栗、山药等。此外，秋季较为干燥，饮食不当容易出现嘴唇干裂、鼻腔出血、皮肤干燥等上火症状，幼儿可多给幼儿食用胡萝卜、银耳、莲藕、香蕉、柿子等润燥生津、清热解毒及有助消化的水果蔬菜。秋天天气逐渐转凉，是流行性感冒多发的季节，幼儿可以多食用富含维生素A和维生素E的食物，以增强肌体免疫力，预防感冒，奶制品、动物肝脏、坚果都是不错的选择。

精选膳食 季节菜品

豆泡烧肉

用料用量

五花肉30克，豆泡10克，木耳1克，葱段1克，姜片1克，花生油2克，老抽1克，生抽1克，糖2克，盐1克，大料、花椒、桂皮、料酒适量。

制作步骤

1. 五花肉洗净切块，冷水下锅，焯水备用。
2. 锅中倒入油，放入白糖小火翻炒，待煸成糖色放入焯好的五花肉煸炒至上色，放入葱段、姜片和香料，烹入料酒、老抽、生抽，放热水大火炖5分钟，改小火炖40分钟。
3. 肉快熟时放入豆泡、木耳、盐，炖至汤汁浓稠，出锅即成。

营养解读

豆泡富含优质蛋白质、脂肪、维生素E、钙、铁等，具有健脑补钙、清热润燥的功效。

制作要点

豆泡容易氧化，导致腐败变质，食用前一定认真检查。

糖醋山药鸡

用料用量

鸡胸肉25克，鸡蛋清2克，山药10克，胡萝卜5克，葱末1克，姜末1克，花生油2克，糖3克，醋3克，生抽1克，盐1克，白胡椒粉0.5克，淀粉、料酒适量。

制作步骤

1. 鸡胸脯肉洗净切丁，加淀粉、白胡椒粉、鸡蛋清、料酒、少许盐，上浆备用。
2. 胡萝卜去皮切丁，油煸备用。
3. 山药洗净去皮，切丁备用。
4. 锅中的油烧至八成热时将上浆的鸡肉滑熟捞出。
5. 锅中留底油，放入葱末、姜末炒出香味，再放入处理好的食材及少许盐、醋、糖翻炒均匀，加少许淀粉勾芡，出锅即成。

营养解读

山药含有蛋白质、膳食纤维、山药多糖、维生素B_1、维生素B_2、维生素C、尼克酸、钙、磷、铁等，具有健脾益胃、促进消化、强壮身体、滋阴润肺的功效。

制作要点

处理山药时要注意上面的黏液，最好戴上橡胶手套。

小米马蹄蒸丸子

用料用量

猪肉25克，马蹄5克，鸡蛋清5克，小米2克，姜末1克，花生油2克，芝麻油0.5克，盐1克，白胡椒粉0.5克。

制作步骤

1. 马蹄去皮洗净，切末备用。
2. 小米用水泡软，捞出控水备用。
3. 猪肉洗净绞成肉馅，在肉馅中加入马蹄、姜末、盐、白胡椒粉、花生油、芝麻油、鸡蛋清，顺着一个方向搅打，直到肉馅搅打上劲。
4. 将打好的肉馅挤成丸子，均匀滚上小米，放入容器中，上锅蒸20分钟出锅即成。

营养解读

马蹄含有丰富的糖类、蛋白质、纤维素及多种维生素、矿物质，性寒味甘，具有生津开胃、清音明目、清热化痰、消食醒酒的功效。

制作要点

小米浸泡1小时以上，蒸制更快。

豆皮肉卷

用料用量

猪肉30克，油豆皮5克，鸡蛋清10克，葱末2克，姜末1克，花生油2克，盐1克，白胡椒粉1克，料酒适量。

制作步骤

1. 猪肉洗净搅成肉馅，在肉馅中加入鸡蛋清、葱末、姜末、花生油、盐、白胡椒粉、料酒，顺着一个方向搅打，直到肉馅搅打上劲。
2. 将搅打好的肉馅平铺于油豆皮上，卷成卷，放入容器中，上锅蒸20分钟出锅，切成大小适中的卷状即成。

营养解读

猪肉富含蛋白质、脂肪、脂溶性维生素和铁、磷等，能够滋阴润燥、改善缺铁性贫血；油豆皮富含植物蛋白，两者结合，优质蛋白质搭配更合理。

制作要点

蒸好后稍晾凉再切，肉质紧缩，不宜松散。

蛋香南瓜

用料用量

南瓜90克，鸡蛋液20克，葱末1克，花生油3克，盐1克，糖1克。

制作步骤

1. 南瓜洗净去皮切丁，焯水备用。
2. 鸡蛋液炒熟备用。
3. 锅中放入油，烧至八成热时放入葱末炒出香味，放入处理好的食材、盐、糖翻炒均匀，出锅即成。

营养解读

南瓜中含有多种维生素、类胡萝卜素和果胶，果胶有很好的吸附性，能粘结和消除体内细菌毒素和其他有害物质，能起到解毒作用，还可以保护胃黏膜、帮助消化、促进生长发育。

制作要点

选用小南瓜作制口感更佳。

什锦卷心菜

用料用量

圆白菜90克，鸡蛋液20克，胡萝卜5克，葱末1克，花生油3克，盐1克，糖1克。

制作步骤

1. 圆白菜洗净，切碎备用；胡萝卜去皮洗净，切片油煸备用。
2. 鸡蛋液炒熟备用。
3. 锅中倒入油，烧至八成热时放入葱末炒出香味，放入处理好的食材、盐、糖翻炒均匀，出锅即成。

营养解读

圆白菜富含维生素C、钙、钾、膳食纤维等，具有提高免疫力、预防感冒、抗菌消炎、促进消化的功效。

制作要点

炒制圆白菜时急火爆炒，口感更佳。

豌豆白菇炒玉米

用料用量

西兰花70克，玉米5克，胡萝卜5克，豌豆5克，杏鲍菇30克，葱末1克，姜末1克，盐1克，淀粉2克，花生油3克。

制作步骤

1. 胡萝卜洗净去皮切丁，油煸备用。
2. 杏鲍菇洗净切丁，焯水备用。
3. 西兰花掰成小朵，清洗后焯水备用。
4. 玉米粒、豌豆粒洗净，焯水备用。
5. 锅中倒入油，烧至八成热时放入葱末、姜末炒出香味，放入处理好的食材及少许盐翻炒，加薄芡翻炒均匀，出锅即成。

营养解读

杏鲍菇富含蛋白质、菌类多糖、维生素及钙、镁、铜、锌等微量元素，具有开胃健脾、提高免疫力的功效。

制作要点

杏鲍菇切块要小，以利于幼儿食用。

精选膳食 趣味面点

花生核桃糕

用料用量

面粉45克，玉米面5克，绵白糖2克，花生仁3克，山核桃仁3克，葡萄干2克，奶粉2克，酵母粉适量。

制作步骤

1. 花生洗净控干净水，炒香压碎备用；山核桃仁压碎备用。

2. 将面粉、玉米面、奶粉、酵母粉混合均匀，加温水和成软硬适中的面团，发酵备用。

3. 将发好的面团揉成圆形，将花生碎、山核桃碎、葡萄干撒在面团上，略压扁，饧发30分钟后放入蒸箱，蒸20分钟。

4. 将蒸好的花生核桃糕切成小块即成。

营养解读

山核桃仁含有亚油酸、亚麻酸、维生素E、B族维生素、多种矿物质及少量蛋白质，具有增进食欲、促进发育、健脑益智的作用。

制作要点

选用山核桃仁时要品尝一下，确认无异味再用。

葡萄干小米面蒸糕

用料用量

面粉40克，小米面10克，葡萄干5克，奶粉2克，绵白糖2克，酵母粉适量。

制作步骤

1. 面粉、小米面混合均匀，加入奶粉、酵母粉，加温水和成软硬适中的面团，发酵备用。

2. 发酵好的面团加入葡萄干，揉匀成圆形，略压扁，饧发30分钟后放入蒸箱，蒸20分钟。

3. 蒸好的葡萄干小米面蒸糕稍晾凉，切成小块即成。

营养解读

小米面富含蛋白质、维生素B_1、维生素B_{12}，具有清热、清渴、滋阴、补脾肾、利肠胃、利小便的功效。

制作要点

制作发糕的面要稍软一些，口感更佳。

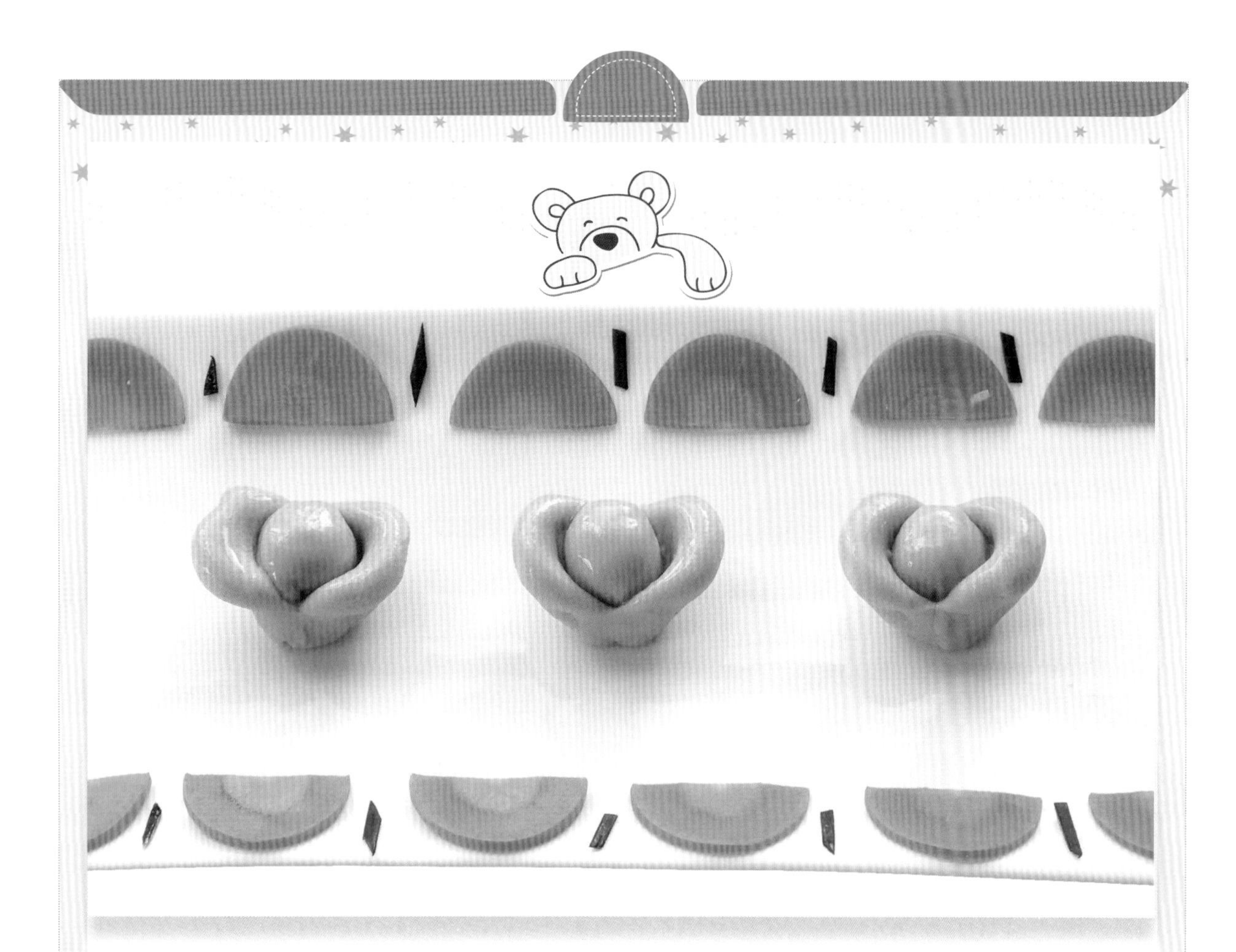

金元宝

用料用量

面粉45克，南瓜10克，豆沙馅3克，绵白糖1克，奶粉2克，酵母粉适量。

制作步骤

1. 南瓜洗净去皮，切小块，上屉蒸熟后捣成泥备用。
2. 面粉中加入奶粉、酵母粉、绵白糖、南瓜泥，和成光滑的面团，发酵备用。
3. 将发好的面团揉匀，搓成长条，揪成大小均匀的剂子，擀成中心厚边缘薄的圆片，包入少量豆沙馅收紧口，从两边向下压实成片状，形成元宝耳朵，再将两边向中间折叠，整理成型，饧发15分钟。
4. 将饧好的生胚放入蒸箱，蒸15分钟即成。

营养解读

南瓜中含有蛋白质、氨基酸、多糖、果胶、纤维素、类胡萝卜素、多种维生素及多种微量元素，具有保护视力、增强免疫、保护胃肠黏膜、帮助消化的功效。

制作要点

馅料放入不宜过多，否则容易溢出。

黑白麻蓉包

用料用量

面粉45克，黑芝麻3克，白芝麻3克，花生仁2克，白糖5克，奶粉2克，酵母粉适量。

制作步骤

1. 黑芝麻、白芝麻、花生炒香后碾碎放入白糖，和成馅备用。
2. 面粉中加入酵母粉、奶粉，混合均匀，加温水和成软硬适中的面团，发酵备用。
3. 将饧发的面团揉匀，搓成长条，揪成剂子。
4. 将面剂子擀成中心厚边缘薄的圆片，包入馅收紧口，揉至表面光滑，饧发30分钟。
5. 将饧好的生胚放入蒸箱，蒸20分钟即成。

营养解读

芝麻中含有大量的不饱和脂肪酸、维生素E、B族维生素、叶酸、卵磷脂、蛋白质和钙等，具有促进消化、促进骨骼发育的功效。

制作要点

馅料要稍晾凉后再混入白糖，避免白糖溶化。

小米红薯三角包

用料用量

面粉45克，小米2克，红薯10克，黑芝麻2克，奶粉1克，绵白糖1克，酵母粉适量。

制作步骤

1. 红薯洗净去皮，切块蒸熟，捣成泥备用。
2. 将小米洗净蒸熟晾凉，与红薯泥、黑芝麻、白糖混合拌匀成馅。
3. 面粉中加入奶粉、酵母粉，混合均匀，加温水和成软硬适中的面团，发酵备用。
4. 将饧发的面揉匀，揪成剂子，擀成面皮，包入馅料捏成三角形，饧发30分钟。
5. 将饧发好的生胚放入蒸箱，蒸20分钟即成。

营养解读

红薯富含β-胡萝卜素、B族维生素、维生素C、钾、铁、膳食纤维等，具有润肠通便的功效。

制作要点

制作馅料时，红薯要控干水分，避免馅料太稀。

紫薯肉包

用料用量

面粉50克，紫薯15克，白萝卜70克，青虾仁20克，鸡蛋液20克，葱末1克，姜末1克，盐1克，五香粉1克，花生油4克，芝麻油1克，酵母粉适量。

制作步骤

1. 紫薯去皮洗净切块，蒸熟压成泥备用。
2. 面粉中加入紫薯泥、酵母粉，加温水和成软硬适中的面团，发酵备用。
3. 鸡蛋炒熟备用；虾仁化冻去虾线，洗净切碎备用。
4. 白萝卜洗净去皮，切块焯水后捞出，剁碎挤出多余的水分备用。
5. 将猪肉洗净绞成肉馅，加入葱末、姜末、生抽、五香粉、花生油、芝麻油、盐搅拌均匀，再放入处理好的食材搅拌均匀。
6. 面团饧好后，揉至光滑，揪成剂子，擀成圆片，包入馅料，捏成包子生坯，饧发30分钟。
7. 将饧好的生胚放入蒸箱，蒸20分钟即成。

营养解读

紫薯含有蛋白质、淀粉、果胶、纤维素、花青素以及多种矿物质，具有抗氧化、促进肠胃蠕动、增强免疫力的功效。

制作要点

紫薯量不宜过多，否则影响色泽。

椰蓉蛋糕

用料用量

低筋面粉15克，鸡蛋液30克，椰蓉2克，绵白糖5克，玉米油2克。

制作步骤

1. 鸡蛋液分三次加入绵白糖打发至发白。
2. 将打发的鸡蛋液放入容器，筛入低筋面粉，搅拌均匀，撒上椰蓉。
3. 烤盘铺上油纸，将面糊均匀倒在上面，轻轻震荡气泡。烤箱上火调至180℃，底火调至190℃，将烤盘放入烤制20分钟。
4. 烤好后晾凉，切成菱形块即成。

营养解读

椰蓉富含脂肪、糖类、B族维生素、钾、镁等，具有补虚强壮、益气祛风、利尿消肿、滋润皮肤的功效。

制作要点

烤制蛋糕时要依据面糊量调整烤箱温度。

精选膳食 营养汤粥

火腿玉米粥

用料用量

大米10克，鲜玉米粒10克，火腿3克，芹菜5克，盐1克，芝麻油0.5克。

制作步骤

1. 玉米粒洗净，焯水备用；芹菜择洗干净，切丁备用；火腿切丁备用。

2. 大米洗净，倒入锅中大火烧开，转小火煮至黏稠，放入火腿丁、玉米粒、芹菜丁、盐、芝麻油，搅拌均匀，出锅即成。

营养解读

此粥富含碳水化合物、蛋白质、类胡萝卜素、维生素E、膳食纤维等，具有益肺宁心、健脾开胃、通肠润便、健脑的功效。

制作要点

芹菜最后放色泽更突出。

牛肉丸萝卜丝汤

用料用量

牛肉15克，白萝卜20克，香菜1克，鸡蛋清5克，葱末1克，姜末1克，芝麻油1克，花生油2克，淀粉2克，盐1克，白胡椒粉0.5克。

制作步骤

1. 白萝卜洗净去皮，切丝备用。
2. 牛肉洗净绞成肉馅，肉馅中加入葱末、姜末、盐、白胡椒粉、花生油、芝麻油搅拌均匀，放入蛋清、淀粉、适量清水，顺时针搅打至上劲。
3. 锅中烧开水，放入萝卜丝，汆入肉丸，待熟后加入盐、芝麻油、香菜，出锅即成。

营养解读

此汤含有丰富的蛋白质、脂溶性维生素、锌、铁、钙等，具有消食化滞、开胃健脾、顺气化痰、提高免疫力的功效。

制作要点

牛肉可提前用凉水浸泡，去除腥味。

马蹄桂花银耳羹

用料用量

银耳5克，马蹄3克，桂花酱3克。

制作步骤

1. 马蹄洗净去皮，切碎备用。
2. 银耳泡发洗净，去除底部硬结及杂质，撕碎备用。
3. 银耳凉水下锅，锅开后转小火煮制半小时，加入马蹄，再煮半小时至汤汁稍黏稠，放入桂花酱搅拌均匀，出锅即成。

营养解读

马蹄，又称荸荠，含有多种微量元素及黏液质，性味甘、寒，有清肺热、生津润肺、化痰利肠、凉血化湿、消食除胀的功效。

制作要点

银耳用凉水或温水浸泡，可减少营养素流失。

节气营养加油站

立秋食谱推荐

立秋的到来标志着暑去秋来，天气渐渐转凉。此时，早晚温差逐渐明显，但暑气尚未完全消退，还会有“秋老虎”，秋燥加上夏天的余热，幼儿非常容易出现咽喉干痒、腹泻、便秘等脾肺失调的症状。坚持祛暑清热，清肺润燥就成为立秋这一节气的饮食重点，可为幼儿选用芝麻、枇杷、蜂蜜、银耳、乳品等具有滋补性的食物，多吃豆类食物，少吃油腻食物。

香芋扣肉

用料用量

猪五花肉30克，芋头20克，葱段1克，姜丝1克，花生油4克，老抽1克，生抽1克，豆腐乳1克，糖2克，盐1克，料酒适量。

制作步骤

1. 芋头洗净去皮，切成0.5厘米厚的薄片。
2. 五花肉洗净，凉水入锅，放入葱段、姜丝煮至七分熟，捞出沥水。
3. 五花肉表皮趁热涂抹老抽，放入油锅炸制金黄色捞出，切成0.5厘米厚的薄片。
4. 豆腐乳、生抽、糖、盐、料酒混合成料汁备用。
5. 将五花肉片肉皮朝上与芋头片相间，整齐码放在容器中，倒入调好的料汁，放入蒸箱蒸60分钟，至肉片和芋头软烂，出锅即成。

营养解读

芋头富含蛋白质、钙、铁、钾、镁、胡萝卜素、维生素C、B族维生素、皂角甙等多种成分，具有增强免疫力、解毒通便、洁齿防龋的功效。

制作要点

制作扣肉时，要选择精瘦五花肉。

翡翠虾滑

用料用量

虾仁50克，蛋清2克，菠菜5克，葱末1克，姜末1克，花生油2克，芝麻油0.5克，盐1克，白胡椒粉0.5克，淀粉、料酒适量。

制作步骤

1. 菠菜洗净，榨成菠菜汁备用。
2. 虾仁洗净剁成泥，放入葱末、姜末、盐、料酒、白胡椒粉、蛋清、菠菜汁、淀粉，和成菜汁虾泥备用。
3. 锅中放入水，水开时氽入虾丸，氽熟捞出备用。
4. 锅中放少量水，水开后勾入水淀粉成薄芡，放入虾丸，出锅前淋入芝麻油即成。

营养解读

虾仁富含蛋白质、钙、钾、碘、镁、磷等矿物质及维生素A，具有促进生长发育、增强免疫力的功效。

制作要点

菠菜汁用量根据虾泥用量进行调整，以免影响色泽。

栗子焖饭

用料用量

大米50克，熟板栗仁10克，火腿5克。

制作步骤

1. 板栗仁切碎备用；火腿切碎备用。
2. 大米淘洗干净，加入板栗仁、火腿和适量的水，上屉蒸30分钟即成。

营养解读

栗子富含蛋白质、脂肪、糖、淀粉、胡萝卜素、维生素A、维生素B、磷、钾等，具有健脾养胃、补益气血、益肾强骨的功效。

制作要点

栗子焖饭中可以添加胡萝卜，增加膳食纤维。

银耳枇杷粥

用料用量

大米10克，银耳2克，枇杷果5克，冰糖2克。

制作步骤

1. 银耳泡发洗净掰小朵备用；枇杷果洗净，去皮取果肉切丁备用。
2. 大米洗净，与银耳一起放入开水锅中，煮至软烂，转小火煮至黏稠，放入枇杷果粒、冰糖，搅拌均匀，出锅即成。

营养解读

枇杷富含纤维素、果胶、胡萝卜素、铁、钙及维生素A、B族维生素、维生素C等，具有消食止渴、清肺止咳、促进食欲、保护视力的功效。

制作要点

银耳用凉水或温水泡发，减少营养素流失。

节气营养加油站

白露食谱推荐

白露是反映自然界气温变化的重要节气，是一年中昼夜温差最大的时节，此时秋燥症状更为明显，更加需要注意养肺益气、滋阴润燥。由于温差大，容易引起风寒感冒，咳嗽、鼻炎等症状容易发作，此时应多吃百合、银耳、莲子、罗汉果等食物，以止咳化痰，清咽利喉。

肉末佛手瓜

用料用量

猪肉15克，佛手瓜40克，木耳1克，胡萝卜5克，葱末1克，姜末1克，花生油4克，老抽1克，生抽1克，糖2克，盐1克，料酒适量。

制作步骤

1. 木耳泡发、洗净切碎。
2. 佛手瓜洗净切片备用；胡萝卜去皮洗净切片，油煸备用。
3. 猪肉洗净切末备用。
4. 锅中倒入油，烧至八成热时放入葱姜末炒香，放入肉末，烹入料酒、老抽、生抽翻炒，再放入处理好的食材、盐、糖翻炒均匀，出锅即成。

营养解读

佛手瓜盛产于秋季，富含膳食纤维、类胡萝卜素、维生素C、矿物质钾、钙、硒等，具有润肠排毒、护眼明目、防止积食的作用。

制作要点

佛手瓜口感清甜，炒制时间不宜过长。

西芹百合虾仁

用料用量

青虾仁30克，西芹15克，干百合1克，葱末1克，姜末1克，花生油3克，盐1克，糖3克，淀粉、料酒适量。

制作步骤

1. 干百合泡发，西芹洗净切丁；分别用开水烫焯后过凉，控干水分备用。
2. 青虾仁解冻，去虾线洗净，放入盐、料酒、淀粉上浆备用。
3. 锅中油烧至八成热时将上浆的虾仁滑熟捞出。
4. 锅中留底油，放入葱末、姜末炒出香味，放入处理好的食材及少许盐、糖，翻炒均匀，加少许淀粉勾芡，出锅即成。

营养解读

西芹富含维生素B_1、维生素B_2、维生素C和铁、钙等矿物质，具有平肝清热、利尿消肿的功效。

制作要点

芹菜纤维素较多，切配时要稍碎，以利于幼儿食用；百合焯烫时间不宜过长，否则容易变黑。

银耳红枣羹

用料用量

银耳5克，红枣2克，冰糖3克。

制作步骤

1. 银耳泡发洗净，去除底部硬结及杂质，撕碎备用。
2. 银耳、红枣凉水下锅，锅开后转小火煮制，约1小时汤汁稍黏稠，放入冰糖至完全黏稠，出锅即成。

营养解读

银耳富含蛋白质、脂肪、氨基酸、矿物质等，有“菌中之冠”的美称，具有清热健胃、润肺养血的功效。

制作要点

选择无核小枣更利于幼儿食用；红枣煮制时间不宜过长，否则有苦味。

玉米蛋花羹

用料用量

玉米糁10克，鸡蛋液10克，绵白糖2克。

制作步骤

1. 玉米糁洗净，放入开水锅中小火煮至黏稠。
2. 锅中倒入鸡蛋液成蛋花状，加入绵白糖搅拌均匀，出锅即成。

营养解读

此粥富含蛋白质、卵磷脂、膳食纤维、维生素A、维生素E和多种矿物质，具有健脑护眼、调中开胃、益肺宁心的功效。

制作要点

加入鸡蛋液后，迅速搅匀易成蛋花状，开锅关火后即盛出。

节气营养加油站

霜降食谱推荐

霜降是秋季的最后一个节气，此时天气渐凉，但秋燥仍然明显，是流感的高发时节，此时要重视幼儿保暖，运动量可适当加大，引导其多饮水，多吃富含维生素A、维生素E的食物，如奶制品、坚果、动物肝脏等，增强机体抵抗力。霜降也是幼儿补脾胃的最好时机，可以多食用牛肉、鸡肉、萝卜、莲藕、荸荠等。

番茄莲藕丸子

用料用量

猪肉30克，鸡蛋清5克，莲藕20克，番茄酱3克，绵白糖3克，葱末2克，姜末1克，花生油4克，盐1克，料酒、淀粉适量。

制作步骤

1. 莲藕洗净擦成莲藕茸备用。
2. 猪肉洗净绞成肉馅，在肉馅中加入莲藕茸、葱末、姜末、花生油、料酒、盐，搅拌均匀，再加入淀粉、鸡蛋清，搅打至上劲。
3. 锅中倒入油，烧至八成热时下入莲藕丸子，炸至表面金黄时捞出。
4. 锅中留底油，放入番茄酱煸炒，再放入炸好的丸子，加少许水、糖，烧至汁浓稠，翻炒均匀出锅即成。

营养解读

莲藕以秋季为佳，它富含膳食纤维、淀粉、蛋白质和多种维生素，具有健脾开胃、生津止渴的功效。

制作要点

莲藕去皮后可在清水或淡盐水中浸泡，防止其氧化变色，以保持菜品颜色。

蜜汁红薯球

用料用量

红薯50克，蜂蜜2克。

制作步骤

1. 红薯洗净去皮切片，上锅蒸20分钟至熟，取出放凉，压成红薯泥。
2. 红薯泥中加入蜂蜜，搓成球即成。

营养解读

红薯富含膳食纤维、类胡萝卜素、B族维生素、维生素C、钾、铁等，与蜜蜂同食有非常好的润肠通便功效。

制作要点

红薯蒸熟后要稍晾晾，过滤多余的水分再放入蜂蜜，以免温度过高破坏蜂蜜营养。

柿子包

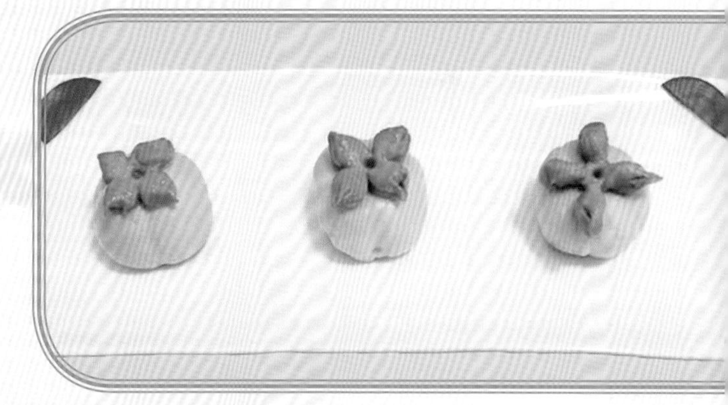

用料用量

面粉50克，胡萝卜10克，菠菜5克，奶粉2克，柿子20克，绵白糖5克，酵母粉适量。

制作步骤

1. 胡萝卜洗净去皮，菠菜洗净，分别榨汁。
2. 面粉分成两份，一份加入胡萝卜汁，一份加入菠菜汁，再分别加入酵母粉、奶粉，和成软硬适中的两色面团，发酵备用。
3. 柿子洗净，去皮去核取出果肉，放入锅中大火煮开后转小火不停翻炒，放入绵白糖，至果酱黏稠，晾凉备用。
4. 将发好的胡萝卜面团揉匀，搓成长条，揪成大小均匀的剂子，擀成中心厚边缘薄的圆片，包入少量柿子果酱后收紧口，整理成柿子形状，用刀具纵向压出四条纹理。
5. 菠菜面团擀成圆片，用刀具切出四片叶子，整理成型，沾水粘贴于柿子生胚上，饧发15分钟。
6. 将饧好的生胚放入蒸箱，蒸15分钟即成。

营养解读

柿子富含糖、蛋白质、粗纤维、胡萝卜素、钙、磷、铁、维生素C等，具有清热、润肺、生津、解毒的功效。

制作要点

霜降吃柿子是中国的传统习俗，柿子可选择不同的做法；制作柿子酱时要不停地搅拌，避免糊锅。

山药鸡茸粥

用料用量

大米10克，铁棍山药5克，鸡胸肉5克，盐0.5克，芝麻油0.5克。

制作步骤

1. 山药洗净去皮，切丁备用。
2. 鸡胸肉洗净剁成茸。
3. 大米洗净，放入开水锅中大火煮至软烂，转小火放入山药，搅拌均匀。
4. 粥煮至八分熟时放入鸡胸肉，煮至黏稠，放入盐、芝麻油调味，出锅即成。

营养解读

此粥富含蛋白质、脂肪、氨基酸、钙、磷、铁维生素B_1等，具有健脾益胃、助消化、益肺止咳的功效。

制作要点

山药、鸡茸要按顺序放入，这样可以使营养完全释放。

冬季篇

冬季气候干燥寒冷，受寒冷气温的影响，幼儿的生理和食欲均发生变化，此时要保证幼儿必需的营养素充足，以提高抵抗力。幼儿冬季营养应以增加热量为主，适当多摄入富含糖类和脂肪的食物，还应摄入充足的蛋白质，如瘦肉、鸡蛋、鱼类、乳类、豆类等食物。寒冷的天气使身体氧化功能加快，饮食要注意及时补充维生素B_1、维生素B_2、维生素C以及无机盐，如胡萝卜、土豆、红薯等根茎类食物，以提高身体的耐寒力。冬季也是最滋补的季节，玉米、黄豆、红豆、萝卜、韭菜、牛肉、羊肉、虾、大枣、苹果、橙子等食物都是不错的选择，食补有药物不可替代的功效。

精选膳食 季节精品

培根豆腐卷

用料用量

培根30克，豆腐20克，芝麻油0.5克，盐1克，白胡椒粉0.5克，料酒、淀粉适量。

制作步骤

1. 豆腐切块（同培根宽度相等），放入盐水中浸泡片刻。
2. 培根分三段切开，卷入豆腐块，放入蒸盘中。
3. 将蒸盘放入蒸箱蒸制15分钟，出锅即成。

营养解读

培根富含蛋白质、脂肪、碳水化合物、硫胺素、维生素E、钙、铁、锌等，具有补充能量、健脾开胃、祛寒的功效。

制作要点

卷豆腐时，培根最好从豆腐的中间处开始卷，最好在豆腐中间处封口，这样蒸制时，培根不会张开，卷得更有形。

金葱煒牛肉

用料用量

牛腩35克，冬笋5克，胡萝卜5克，葱段3克，姜片1克，花生油3克，老抽1克，糖2克，盐1克，料酒适量。

制作步骤

1. 牛腩洗净切块，冷水下锅，大火烧开，撇去浮沫捞出。
2. 锅中放入水烧开，下入牛腩块，放入葱段、姜片、老抽、糖、料酒、少许盐，炖2个小时至软烂。
3. 胡萝卜、冬笋去皮洗净，切丁备用。
4. 锅中倒入油，烧至八成热时放入葱段、姜片炒出香味，放入胡萝卜、冬笋、牛肉，煒约30分钟至汤汁浓稠，出锅即成。

营养解读

牛肉富含蛋白质、维生素A、B族维生素、锌、铁、钙等，具有滋养脾胃，补益气血、强筋健骨的功效。

制作要点

牛腩切小块更利于幼儿食用。

栗子鸡块

用料用量

鸡翅中50克，栗子仁5克，葱段1克，姜片1克，花生油2克，糖2克，盐1克，生抽1克，老抽1克，大料、香叶、料酒适量。

制作步骤

1. 鸡翅中洗净，剁成两段，冷水下锅焯水备用。
2. 锅中倒入油，烧至八成热时放入处理好的鸡翅中煸炒，再放入葱段、姜片、香料、盐、糖翻炒，烹入料酒、老抽、生抽，炖40分钟。
3. 汤汁快浓稠时放入栗子仁，收汤汁，出锅即成。

营养解读

鸡肉富含蛋白质、维生素A、维生素E、铁、钙等，具有温中补脾、益气养血、增加食欲、促进骨骼发育的功效。

制作要点

鸡翅中要剁得大小一致，下锅煸出味后再加入水及其他调料同烧。

果香珍珠蛋

用料用量

鹌鹑蛋20克，苹果30克，花生油4克，糖3克，番茄酱3克，盐1克。

制作步骤

1. 鹌鹑蛋洗净，煮熟，剥壳，油炸至金黄色备用。
2. 苹果去皮，用挖球器挖出苹果球，放在淡盐水中浸泡片刻捞出。
3. 锅中倒入油，烧热放入处理好的食材、调味料，翻炒均匀，出锅即成。

营养解读

苹果富含糖分、苹果酸、果胶、矿物质钾、锌等，具有润肺除烦、缓解便秘、开胃消食、止泻的功效。

制作要点

烹制时苹果球要最后放入，以保持脆甜口感。

五彩虾仁

用料用量

虾仁30克，口蘑5克，玉米5克，胡萝卜5克，青椒5克，葱末1克，姜末1克，盐0.5克，淀粉2克，花生油4克，料酒适量。

制作步骤

1. 虾仁化冻，去虾线洗净，焯水备用。
2. 胡萝卜洗净去皮切丁，油煸备用。
3. 青椒去蒂洗净，切丁备用。
4. 口蘑洗净切丁，焯水备用。
5. 玉米粒洗净，焯水备用。
6. 锅中倒入油，烧至八成热时入葱末、姜末炒出香味，放入虾仁滑熟，再放入处理好的其他食材及少许盐翻炒，水淀粉勾薄芡，翻炒均匀，出锅即成。

营养解读

虾仁富含蛋白质、维生素A、钙、铜、锌等，具有增强免疫力、促进骨骼发育的功效。

制作要点

虾仁炒制时间不宜过长，否则影响口感。

火腿西葫芦

用料用量

西葫芦100克，胡萝卜5克，火腿10克，葱末1克，姜末1克，花生油3克，盐1克。

制作步骤

1. 西葫芦洗净切片备用；火腿切片备用。
2. 胡萝卜洗净去皮切片，油煸备用。
3. 锅中倒入油，烧至八成热时放入葱末、姜末爆出香味，放入处理好的食材、盐，翻炒均匀，出锅即成。

营养解读

西葫芦富含维生素C、钙等，具有除烦止渴、润肺止咳、清热利尿、增强免疫力的功效。

制作要点

西葫芦含水量较高，切制时要稍厚一些，减少成品水分，口感更爽脆。

海带三丝

用料用量

芹菜80克，胡萝卜10克，干海带丝5克，花生油3克，葱末1克，盐1克，糖0.5克。

制作步骤

1. 海带泡发洗净，切段焯水备用。
2. 西芹择洗干净，切丝备用；胡萝卜洗净去皮，切丝备用。
3. 锅中倒入油，烧至八成热时放入葱末爆出香味，放入处理好的食材、盐、糖，翻炒均匀，出锅即成。

制作要点

海带富含碘、膳食纤维、钙、磷、铁、胡萝卜素、维生素B_1、维生素B_2、烟酸以及碘等多种营养元素，具有利水消肿、抑菌消痰、提高免疫力的功效。

制作要点

海带丝泡发时用凉水或温水，减少营养素流失。

精选膳食 趣味面点

甜橙包

用料用量

面粉50克，菠菜2克，奶粉2克，橙子果酱5克，蛋酥卷2克，番茄酱2克，黑芝麻1克，酵母粉适量。

制作步骤

1. 菠菜洗净，榨汁备用。
2. 黑芝麻、橙子果酱、蛋酥卷搅拌均匀，成馅备用。
3. 将面粉分成两份，一份加入番茄酱，一份加入菠菜汁，再分别加入酵母粉、奶粉，和成软硬适中的两色面团，发酵备用。
4. 将发好的番茄面团揉匀，搓成长条，揪成大小均匀的剂子，擀成中心厚边缘薄的圆片，包入少量白糖收紧口，整理成橙子形状，用牙签在其表面扎小孔，呈橙子纹路。
5. 菠菜面团揉匀，用刀具切出不同叶子造型，沾水粘贴于橙子生胚顶部，饧发15分钟。
6. 将饧好的生胚放入蒸箱，蒸15分钟即成。

营养解读

橙子果酱富含维生素C、钙、钾等营养元素，具有消积化食、润肠通便的功效。

制作要点

甜橙果酱中加入蛋酥卷，增加馅料黏稠度，口感更佳。

紫薯玫瑰花生包

用料用量

面粉50g，花生酱10g，黑芝麻5g，红糖3g，紫薯15g，奶粉2克，酵母粉适量。

制作步骤

1. 紫薯洗净，去皮切块，蒸熟后压成泥备用。

2. 面粉分成两份，一份加入紫薯泥后再分别加入酵母粉、奶粉，加温水和成软硬适中的两色面团，发酵备用。

3. 黑芝麻放入烤箱中烤熟，打碎与花生酱、红糖一起搅拌均匀成馅料备用。

4. 将发好的面团揉匀，搓成长条，揪成剂子压扁，擀成中心厚边缘薄的圆片，包入馅料收紧口，揉搓至表面光滑。

5. 紫薯面团搓成长条，揪成小剂子，做成5片树叶形状粘于花生包顶部，饧发15分钟。

6. 将饧好的生胚放入蒸箱，蒸15分钟即成。

营养解读

花生酱富含蛋白质、膳食纤维、B族维生素、维生素E等，具有健脾和胃、润肺化痰、利水消肿的功效。

制作要点

黑芝麻烤制后用作馅料口感更佳。

奶香红薯蒸糕

用料用量

低筋面粉10克，红薯15克，鸡蛋液20克，牛奶15克，绵白糖3克，玉米油1克，酵母粉适量。

制作步骤

1. 红薯洗净去皮，切成小块备用。
2. 鸡蛋液倒入牛奶中，加入玉米油、绵白糖，放入打蛋器中打发。打发后倒入容器中，筛入低筋面粉，加入酵母，搅拌均匀。
3. 加入红薯丁，搅拌成顺滑的稠糊状，倒入模具中至五分满，轻轻震动模具至面糊平整，放入蒸箱中发酵至九分满，再上锅蒸12分钟，关火焖5分钟即成。

营养解读

红薯富含类胡萝卜素、维生素C、B族维生素、膳食纤维等，具有润肠通便、保护眼睛的功效。

制作要点

蒸制时间根据模具大小进行调整。

营养甜甜圈

用料用量

面粉45克，玉米面5克，南瓜15克，鸡蛋液5克，奶粉2克，绵白糖2克，枸杞子1克，酵母粉适量。

制作步骤

1. 南瓜洗净去皮，蒸熟捣成泥备用；枸杞子洗净切碎备用。
2. 面粉、玉米面、绵白糖、奶粉、酵母混合均匀，加温水和成软硬适中的面团，发酵备用。
3. 将发好的面团揉匀，切成大小相等的剂子，揉成椭圆形，用工具在中间戳洞，整理成型后刷蛋黄液，撒枸杞子碎，饧发20分钟。
4. 将饧好的生胚放入蒸箱，蒸20分钟即成。

营养解读

玉米面富含碳水化合物、蛋白质、玉米黄素、B族维生素、膳食纤维等，具有开胃、健脾、润肠通便的功效。

制作要点

枸杞子提前浸泡色泽更鲜亮。

魔方糕

用料用量

面粉50克，番茄酱2克，可可粉2克，绵白糖1克，奶粉2克，酵母粉适量。

制作步骤

1. 取一半面粉加入酵母粉、奶粉、糖，加温水和成软硬适中的面团，发酵备用；将另一半面粉分成两份，一份加入可可粉，一份加入番茄酱，再分别加入酵母粉和成两色面团，发酵备用。

2. 将发好的白面团揉匀，擀成片状，番茄面团和可可面团各搓成细长条，将两根长条对折后包入面片中卷成筒状，饧发20分钟。

3. 将饧好的生胚放入蒸箱，蒸20分钟即成。

营养解读

面粉富含碳水化合物、多种维生素和钙、铁、镁、钾等微量元素，具有补中益气、健脾养胃的功效。

制作要点

在包入面片时，番茄面长条和可可面长条间隔摆放，可使成品更加美观。

虾仁土豆饼

用料用量

面粉40克，土豆20克，胡萝卜5克，青虾仁10克，鸡蛋液15克，花生油3克，盐1克，五香粉1克，酵母粉适量。

制作步骤

1. 土豆、胡萝卜洗净去皮，擦丝切碎备用；虾仁化冻去虾线，洗净切碎备用。

2. 面粉中加入切好的配料、鸡蛋液、盐、五香粉、酵母粉、适量水，搅拌均匀成黏稠糊状，稍发酵备用。

3. 电饼铛加热刷油，倒入面糊摊平，烙至两面金黄后取出即成。

营养解读

土豆富含淀粉、纤维素、维生素C、B族维生素和钙、钾、铁、磷等微量元素，具有和中养胃、健脾利湿、宽肠通便的功效。

制作要点

烙制土豆饼时要用小火，否则容易糊。

荞麦什锦面

用料用量

面粉45克，荞麦面10克，猪肉15克，虾仁20克，西红柿50克，胡萝卜15克，豌豆5克，葱末1克，姜末1克，盐0.5克，生抽2克，花生油4克，淀粉适量。

制作步骤

1. 将面粉、荞麦面加适量水和成面团，揉匀后擀成面条。
2. 猪肉洗净，切成肉丁备用。
3. 西红柿洗净切丁备用；胡萝卜去皮切丁，过油备用。
4. 锅中放入油，烧至八成热时放入肉丁煸炒至散，加入葱末、姜末炒香，烹入生抽，加入处理好的食材翻炒，加适量水大火烧开，改小火煮熟，勾芡成卤。
5. 面条煮熟捞出，加打卤拌匀即成。

营养解读

荞麦面富含蛋白质、氨基酸、维生素B_1、维生素B_2和铁、镁等微量元素，具有促进新陈代谢、抗菌消炎、止咳平喘、祛痰的作用。

制作要点

可根据季节变化，选用不同配料。

精选膳食 营养汤粥

菠菜肉丸汤

用料用量

菠菜20克，猪肉10克，鸡蛋清10克，葱末1克，姜末1克，芝麻油1克，花生油2克，淀粉2克，盐1克，白胡椒粉0.5克。

制作步骤

1. 菠菜洗净，焯水切段备用。

2. 猪肉洗净绞成肉馅，肉馅中加入葱末、姜末、盐、白胡椒粉、花生油、芝麻油搅拌均匀，放入蛋清、淀粉搅打至上劲。

3. 锅中烧开水，汆入肉丸，待成熟后放入菠菜，加入适量盐、芝麻油，出锅即成。

营养解读

此汤富含蛋白质、维生素C、胡萝卜素、铁、钙、磷等，具有补血、止血、滋阴平肝、提高免疫力的功效。

制作要点

菠菜食用前先用开水焯烫，去除草酸。

西湖牛肉羹

用料用量

牛里脊10克，胡萝卜2克，香菇1克，香菜1克，鸡蛋液15克，芝麻油0.5克，盐1克，白胡椒粉0.5克，料酒、淀粉适量。

制作步骤

1. 牛肉洗净剁成小粒，加入料酒、盐、淀粉腌制。
2. 胡萝卜去皮洗净，切碎备用；香菜洗净切碎备用；香菇洗净切碎备用。
3. 锅中水烧开，放入牛肉汆烫后捞出。
4. 锅中再次放入清水，放入牛肉、胡萝卜、香菇，水开后稍煮片刻，放入白胡椒粉、盐，倒入水淀粉勾芡。
5. 慢慢倒入鸡蛋液搅拌成絮状，撒上香菜，淋入芝麻油，出锅即成。

营养解读

牛肉富含蛋白质、脂肪、维生素A、B族维生素、锌、铁、钙等，具有滋养脾胃，益气血、强筋骨的功效。

制作要点

牛肉提前腌一下，煮制时全程大火快烧，短时间煮好口感更佳。

二米红豆粥

用料用量

大米10克，小米5克，红豆5克。

制作步骤

1. 红豆洗净，温水浸泡2个小时备用。
2. 大米、小米淘洗干净与红豆一起放入开水锅中，大火煮至软烂，小火煮至黏稠即成。

营养解读

红豆富含维生素B_1、维生素B_2、钙、铁等，具有健脾除湿、利水消肿、止泻的功效。

制作要点

红豆浸泡时间长一些，煮制时更容易软烂。

节气营养加油站

立冬食谱推荐

立冬作为冬季的第一个节气，气温渐渐下降，此时要加强幼儿的防寒保暖，及时添加衣物，加强锻炼。饮食上要增加热能摄入，适当多吃些高热量、高蛋白的食物及富含碳水化合物的食物，如羊肉、牛肉、虾、鸡肉、桂圆、大枣、栗子、核桃等温热食物，有利于助阳生热。平时，宜多食用豆腐、木耳、大白菜、鸡蛋、牛奶及乳制品、紫菜、海带、香菇、黑芝麻等食物，有利于滋养肾肺，让幼儿各方面的营养素都充足，从而增强免疫力。

虎皮蛋烧肉

用料用量

猪五花肉30克，鹌鹑蛋5克，葱段1克，姜末1克，花生油4克，老抽1克，生抽1克，糖2克，盐1克，大料、花椒、桂皮、料酒适量。

制作步骤

1. 鹌鹑蛋洗净，煮熟，剥壳，油炸至金黄色备用。
2. 猪五花肉洗净切块，冷水下锅，焯水备用。
3. 锅中倒入油，放入白糖小火翻炒，待煸成糖色放入焯好的五花肉煸炒至上色，放入葱段、姜片和香料，烹入料酒、老抽、生抽，加适量开水，大火炖5分钟，改小火炖40分钟。
4. 炖至软烂，放入炸好的鹌鹑蛋、盐，至汤汁浓稠，出锅即成。

营养解读

鹌鹑蛋富含蛋白质、卵磷脂、赖氨酸、维生素A、维生素B_2、维生素B_1、铁、磷、钙等，具有补气益血、强筋壮骨、健脑益智的功效。

制作要点

五花肉选择精瘦肉为佳。

腰果玉米

用料用量

鲜玉米粒30克，火腿10克，腰果5克，花生油4克，糖2克，盐1克，淀粉2克。

制作步骤

1. 火腿切丁备用，玉米焯水备用。
2. 锅中倒入油，放入处理好的食材及少许盐、糖，翻炒均匀，加少许淀粉勾芡，最后加入腰果，出锅即成。

营养解读

腰果含有蛋白质、维生素B_1、维生素A、不饱和脂肪酸和镁、硒等微量元素，具有强身健体、补脑益智、健脾合胃、润肠通便的功效。

制作要点

用盐焗腰果入菜比较方便，盐焗腰果下锅后不宜久炒，否则会炒焦。

肉丁萝卜饭

用料用量

大米55克，猪肉20克，白萝卜40克，胡萝卜20克，土豆25克，豌豆5克，葱末1克，花生油4克，生抽0.5克，盐0.3克。

制作步骤

1. 胡萝卜、土豆洗净，去皮切丁。
2. 豌豆粒洗净备用；猪肉洗净，切丁备用。
3. 白萝卜洗净，去皮切丁焯水备用。
4. 将大米淘洗干净，加适量水备用。
5. 锅中油烧至八成热时放入葱花爆出香味，放入猪肉丁滑熟，放入处理好的食材及少许盐、生抽，翻炒片刻，倒入大米饭中搅拌均匀，上屉蒸30分钟即成。

营养解读

白萝卜富含消化酶、膳食纤维、维生素C、锌等，具有清热生津、消食化滞、开胃健脾、顺气化痰的功效。

制作要点

白萝卜含水量较高，蒸制米饭时根据萝卜、大米比例调节水量。

冰糖山楂饮

用料用量

山楂20克，番茄酱2克，冰糖5克。

制作步骤

1. 山楂洗净去核备用。

2. 山楂、冰糖、番茄酱放入锅内，倒入适量清水，熬制汤汁黏稠，稍放凉，过滤果渣即成。

营养解读

山楂富含维生素C、胡萝卜素、钙、山楂酸、果胶等，具有消积化滞、活血化瘀、平喘化痰、抑制细菌的功效。

制作要点

山楂饮中放入少量番茄酱，颜色、口感更佳。

节气营养加油站

冬至食谱推荐

冬至是冬季最冷的时节，此时更要为幼儿做好御寒保暖，预防呼吸道疾病及冻疮的发生，加强幼儿体格锻炼，在饮食上多补充蛋白质、脂肪、碳水化合物、糖类等产热营养素，如猪肉、羊肉、鸡蛋、鱼、牛奶、豆类等，提高身体对低温耐受力。也要增加维生素、膳食纤维摄入量，如多吃苹果、胡萝卜、土豆、山药、红薯、藕及青菜、大白菜等，提高身体抵抗力。

红薯咕咾肉

用料用量

猪里脊25克，红薯10克，鸡蛋清2克，葱末1克，姜末1克，花生油4克，番茄酱3克，糖3克，盐1克，料酒、淀粉适量。

制作步骤

1. 猪里脊洗净切片，放入料酒、盐、鸡蛋清、淀粉拌匀腌制15分钟。
2. 红薯洗净去皮，切片，放入油锅炸至表皮金黄色捞出，控油备用。
3. 锅中倒入油，烧至七成热时放入猪里脊炸至金黄色捞出。
4. 锅中留底油，放入葱末、姜末煸香，放入猪里脊、红薯、番茄酱、糖、盐，水淀粉勾芡，出锅即成。

营养解读

红薯含有类胡萝卜素、维生素C、B族维生素、钾、铁、膳食纤维等，具有补中益气、健脾合胃、润肠通便的功效。

制作要点

炸肉的时候要先小火再大火，吃起来外焦里嫩。

虾仁豆腐蛋羹

用料用量

青虾仁20克，鸡蛋液50克，内酯豆腐20克，盐1克，芝麻油1克。

制作步骤

1. 虾仁化冻，去虾线洗净，焯水备用。

2. 内酯豆腐切小丁备用。

3. 鸡蛋液搅打均匀，加入1:1的温水，搅打过筛，再加入盐和切好的豆腐丁，之后容器上包保鲜膜，上锅小火蒸制5分钟。

4. 放入处理好的虾仁，继续蒸10~15分钟，淋入芝麻油，出锅即成。

营养解读

此菜肴富含蛋白质、氨基酸、铁、镁、钾、钙、锌、叶酸、维生素B_1、卵磷脂和维生素B_6等，具有补中益气、清热润燥、生津止渴、促进发育的功效。

制作要点

豆腐一定要选择嫩豆腐，蒸制时间要根据鸡蛋豆腐的量而定。

五彩水饺

用料用量

面粉50克，猪肉20克，虾仁10克，大白菜60克，韭菜10克，黑木耳0.5克，葱末1克，姜末0.5克，花生油3克，芝麻油1克，生抽1克，五香粉1克，盐1克。

和面配料

胡萝卜5克，菠菜5克，南瓜10克，紫甘蓝10克。

制作步骤

1. 胡萝卜、菠菜、紫甘蓝洗净，分别榨汁；南瓜洗净去皮，蒸熟压成泥备用。
2. 面粉分成5份，分别加入处理好的和面食材，和成各色蔬菜面团，揉至光滑后饧发约30分钟。
3. 虾仁化冻去虾线切碎；大白菜洗净剁碎，挤去多余水分；韭菜择洗干净，切碎；木耳泡发洗净切碎。
4. 将猪肉洗净绞成肉馅，加入葱末、姜末、生抽、花生油、芝麻油、五香粉、盐，顺着一个方向搅打上劲，放入处理好的食材搅拌均匀。
5. 将饧好的面团分别揉至光滑，按照需要合成彩色面团，切成大小均匀的剂子，擀成中心厚边缘薄的饺子皮，包入适量馅料，捏成饺子。
6. 锅中放足量水，烧开后放入饺子，煮熟捞出即成。

营养解读

韭菜富含胡萝卜素、B族维生素、维生素C、纤维素、钙、磷、铁等营养成分，具有增强消化、缓解便秘、优化肠道、提高免疫力的功效。

制作要点

冬至吃饺子是中国的传统习俗，可根据需要添加不同蔬菜汁，呈现不同色彩的饺子。

栗子桂圆粥

用料用量

大米10克，干桂圆2克，熟栗子仁5克。

制作步骤

1. 干桂圆洗净备用；熟栗子仁切块备用。
2. 大米洗净，与桂圆一同放入锅中大火烧开，转小火煮至黏稠，放入熟栗子仁搅拌均匀，出锅即成。

营养解读

此粥富含碳水化合物、胡萝卜素、维生素A、维生素B_1、维生素B_2、磷、钾等，具有强筋、补血、健脑益智、补养心脾的功效。

制作要点

干桂圆去核更利于幼儿食用。

节气营养加油站

大寒食谱推荐

大寒时节，寒潮频繁，会出现天寒地冻的寒冷天气，但与春节临近，正是冬季转春季的过渡期。此时，在饮食上要注意减少进补，适当降火，多食用理气化痰、甘润降火的食物，如白萝卜、白菜、莲藕、胡萝卜、苹果、山楂、柚子等，以改善冬季饮食补益过多产生的肠胃积滞，尤其在春节期间。

白菜肉卷

用料用量

大白菜叶50克，猪肉25克，鸡蛋清10克，花生油2克，葱末1克，姜末1克，花生油3克，芝麻油1克，生抽1克，白胡椒粉1克，盐1克，糖1克，料酒适量。

制作步骤

1. 猪肉洗净搅成肉馅，加入盐、生抽、白胡椒粉、葱末、姜末搅拌均匀，顺时针搅打上劲备用。
2. 大白菜叶洗净，开水汆烫后捞出晾凉，切成大小均匀的叶片，取叶片包入适量肉馅后卷起，依次卷好后放入蒸锅，蒸15分钟后取出。
3. 锅中倒入适量水，烧开后倒入水淀粉汁，加入糖、盐、芝麻油调味，淋在肉卷上，切块即成。

营养解读

白菜中含有多种维生素、膳食纤维和钙、磷等矿物质，具有清热解毒、促进消化、解渴利尿、润肠通便的功效。

制作要点

选用白菜时，要去除老帮儿，焯水时间不宜不过长。

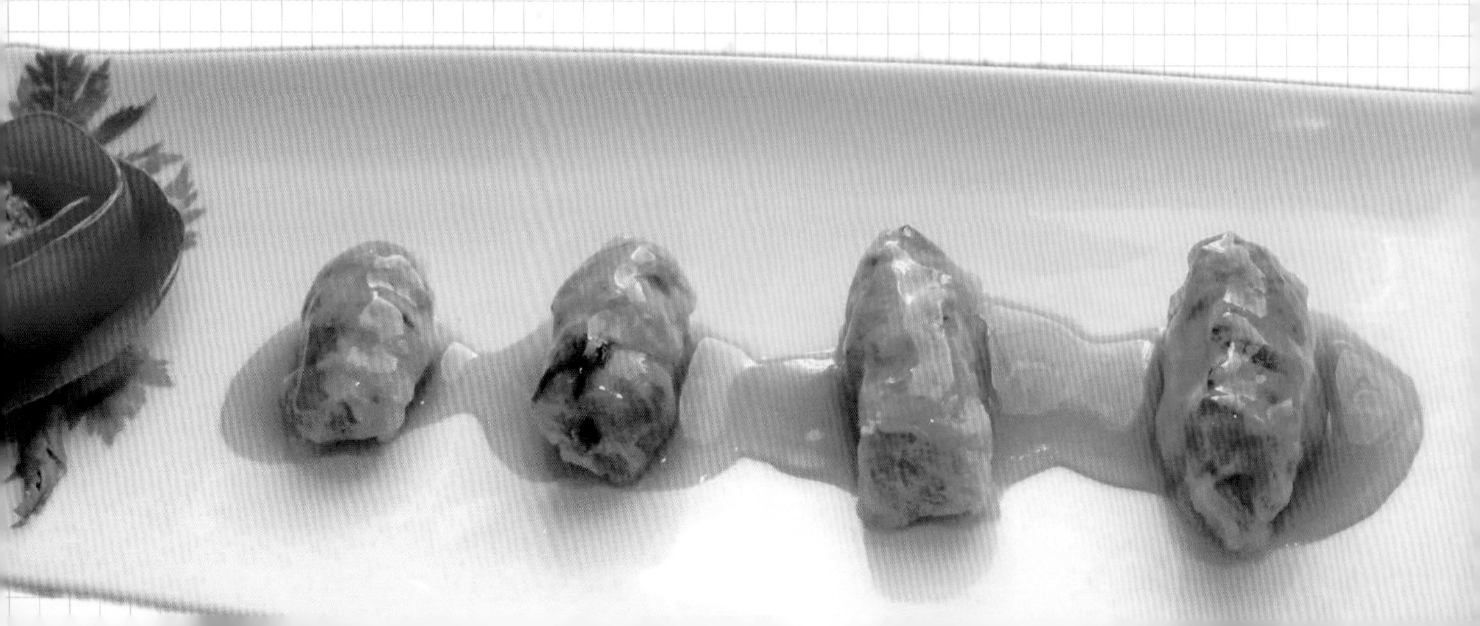

营养蒸鱼糕

用料用量

龙利鱼55克，胡萝卜5克，海苔2克，鸡蛋清5克，鸡蛋黄5克，花生油2克，芝麻油0.5克，盐1.5克，白胡椒粉0.5克，淀粉、料酒适量。

制作步骤

1. 胡萝卜去皮洗净，剁碎备用；海苔剪碎末备用。
2. 龙利鱼解冻，洗净剁成鱼泥，放入鸡蛋清、芝麻油、盐、料酒、白胡椒粉、淀粉，顺时针搅打上劲，再放入胡萝卜泥、海苔末搅拌均匀。
3. 准备蒸制容器，刷油，倒入搅拌均匀的鱼泥，用刮刀抹平，轻轻震荡出气泡。
4. 蒸箱上汽后放入容器蒸约8分钟，刷一层蛋黄液，继续蒸5分钟，出锅切块即成。

营养解读

龙利鱼富含优质蛋白、多不饱和脂肪酸（如DHA）、维生素A、铁、钙、磷等，具有促进骨骼生长、促进大脑中神经细胞生长、增强记忆力、保护眼睛的功效。

制作要点

鱼糕蒸制时一定要沸水上大汽蒸制，蒸好后稍晾凉改刀，有利于成型。

风味土豆泥

用料用量

土豆70克，猪肉20克，胡萝卜10克，葱末1克，姜末1克，花生油3克，生抽1克，盐1克，糖1克，料酒适量。

制作步骤

1. 土豆洗净去皮，上蒸箱蒸熟后取出，压成土豆泥。

2. 猪肉洗净搅成肉馅；胡萝卜洗净去皮，切丁备用。

3. 锅中倒入油，烧至八成热时放入葱末、姜末炒香，放入肉末，烹入料酒、老抽、生抽翻炒，放入胡萝卜丁、盐、糖翻炒均匀盛出，和土豆泥搅拌均匀即成。

营养解读

土豆富含淀粉、纤维素、维生素C、B族维生素和钙、钾、铁、磷等微量元素，具有增强免疫力、健脾和胃、通利大便的功效。

制作要点

土豆泥中加入适量牛奶，口感更为细腻。

奶油南瓜汤

用料用量

鲜牛奶20克，南瓜50克，绵白糖3克，动物黄油1克。

制作步骤

1. 南瓜去皮去瓤洗净，切块，上锅蒸熟后稍放凉，放入搅拌机中打成泥。
2. 将南瓜泥、鲜牛奶、绵白糖、黄油及清水放入锅中小火加热，加热过程中不停地搅拌，煮制沸腾，汤汁浓稠即成。

营养解读

此汤营养全面，富含优质蛋白、维生素A、维生素D、胡萝卜素、维生素B_1、维生素B_2，以及钙、钾等矿物质，具有保护视力、增强免疫力、促进大脑和骨骼发育的功效。

制作要点

煮制汤时要不停地搅拌，防止糊锅。